水肥一体化智能技术

● 陈喜坤　鲁廷财　孟艳萍　薄显民　主编

中国农业科学技术出版社

图书在版编目(CIP)数据

水肥一体化智能技术 / 陈喜坤等主编．--北京：中国农业科学技术出版社，2025.6. --ISBN 978-7-5116-7454-8

Ⅰ．S365

中国国家版本馆 CIP 数据核字第 2025NU4799 号

责任编辑	申　艳
责任校对	王　彦
责任印制	姜义伟　王思文

出 版 者　中国农业科学技术出版社
　　　　　北京市中关村南大街 12 号　　邮编：100081
电　　话　(010) 82103898 (编辑室)　　(010) 82106624 (发行部)
　　　　　(010) 82109709 (读者服务部)
网　　址　https://castp.caas.cn
经 销 者　各地新华书店
印 刷 者　北京中科印刷有限公司
开　　本　140 mm×203 mm　1/32
印　　张　5.5
字　　数　155 千字
版　　次　2025 年 6 月第 1 版　2025 年 6 月第 1 次印刷
定　　价　36.00 元

版权所有·翻印必究

《水肥一体化智能技术》
编委会

主　编：陈喜坤　鲁廷财　孟艳萍　薄显民

副主编：郑鹏华　伍承艳　应铮峥　吴玉勇
　　　　张建斌　封慧戎　高悦莹　杨晓慧
　　　　任艳芬　王友权　胥苡　　高俊儒
　　　　徐莉娜　彭　程　代金勇　魏玉洁
　　　　赵泉勇　张海娟　齐　伟　刘瑞云

前　言

在现代农业发展进程中，水资源短缺与农业面源污染问题日益严峻，传统灌溉施肥方式已难以满足高效、绿色、可持续的农业生产需求。水肥一体化智能技术凭借其精准调控、资源高效利用等优势，成为现代农业转型的关键支撑，为破解农业发展难题带来新的曙光。

水肥一体化智能技术打破了灌溉与施肥分离的传统模式，通过将灌溉与施肥有机结合，借助智能化设备和系统，依据作物生长需求、土壤墒情和气象条件，精确控制水分和养分的供应时间、数量和比例，实现了从"经验灌溉施肥"到"精准智能调控"的跨越。这一技术不仅能显著提高水肥资源的利用效率，减少水资源浪费和肥料流失，还能有效降低农业生产成本，提升作物产量和品质，增强农业生产的经济效益和市场竞争力。

本书共8章，分别为水肥一体化技术概述、水肥一体化智能系统的组成与原理、水肥一体化智能技术的规划与设计、水肥一体化智能技术的安装与调试、水肥一体化中的灌溉施肥制度、水肥一体化智能技术的维护与管理、水肥一体化智能技术在不同作物上的应用、水肥一体化智能技术应用案例。本书内容涵盖了从基础理论到实践应用的各个环节，既注重科学性和系统性，又强调实用性和可操作性。

本书既可作为各级土肥水技术推广者的培训资料与实践指导手册，也可作为大专院校水肥专业科研教学的辅助读物，还可作为新型农业经营主体、种粮大户和农业社会化服务从业者的实用技术指南。

由于编者水平有限,书中难免存在不足之处,恳请广大读者批评指正。

编 者
2025年5月

目 录

第一章 水肥一体化技术概述 ………………………… 1
  第一节 水肥一体化的基本概念 ……………………… 1
  第二节 水肥一体化技术的发展历程及相关政策 ……… 3
  第三节 水肥一体化技术的应用现状与前景 …………… 7
第二章 水肥一体化智能系统的组成与原理 …………… 14
  第一节 硬件设备组成 ………………………………… 14
  第二节 智能控制系统原理 …………………………… 22
第三章 水肥一体化智能技术的规划与设计 …………… 30
  第一节 农田基本情况评估 …………………………… 30
  第二节 系统选型与参数确定 ………………………… 34
  第三节 系统设计流程 ………………………………… 38
第四章 水肥一体化智能技术的安装与调试 …………… 40
  第一节 设备安装步骤与规范 ………………………… 40
  第二节 智能控制系统的安装与配置 ………………… 47
  第三节 系统整体调试与优化 ………………………… 51
第五章 水肥一体化中的灌溉施肥制度 ………………… 56
  第一节 水肥一体化中的灌溉制度 …………………… 56
  第二节 水肥一体化中的肥料选择 …………………… 67
  第三节 水肥一体化中的施肥制度 …………………… 72

第六章 水肥一体化智能技术的维护与管理 …… 83
第一节 水肥一体化设备的维护要点 …… 83
第二节 水肥一体化智能控制系统的维护 …… 97
第三节 水肥一体化的日常运行管理 …… 105

第七章 水肥一体化智能技术在不同作物上的应用 …… 113
第一节 粮食作物水肥一体化智能技术 …… 113
第二节 经济作物水肥一体化智能技术 …… 129
第三节 特色作物水肥一体化智能技术 …… 147

第八章 水肥一体化智能技术应用案例 …… 155
案例1 山东省大力推广应用水肥一体化技术 助力稳粮保供成效显著 …… 155
案例2 吉林省松原市"水肥一体化"技术结硕果 …… 158
案例3 产粮大县的"智慧密码" 水肥一体化节水节肥助增收 …… 160
案例4 青岛莱西高端果蔬的科技加成——水肥一体化精细滴灌 …… 163
案例5 河北魏县高标田装上水肥一体化 …… 165
案例6 广西宁明水肥一体化滴灌技术助力甘蔗增产农民增收 …… 167

参考文献 …… 168

第一章 水肥一体化技术概述

第一节 水肥一体化的基本概念

一、水肥一体化的概念

在农业生产领域,水肥一体化技术正逐渐成为提升生产效率、保障作物优质高产以及实现农业可持续发展的关键技术手段。那么,究竟什么是水肥一体化呢?

根据农业农村部印发的《水肥一体化技术指导意见》,水肥一体化是利用管道灌溉系统,将肥料溶解在水中,同时进行灌溉与施肥,适时、适量地满足作物对水分和养分的需求,实现水肥同步管理和高效利用的节水农业技术。

狭义来讲,水肥一体化就是通过灌溉系统进行施肥,作物在吸收水分的同时吸收养分。通常与灌溉同时进行的施肥,是通过将肥料溶液注入灌溉输水管道而实现的。溶有肥料的灌溉水,通过灌水器(喷头、微喷头和滴头等),将肥液喷洒到作物地上部或滴入根区。广义来讲,水肥一体化就是把肥料溶解后施用,包含淋施、浇施、喷施、管道施用等。

二、水肥一体化的理论基础

水肥一体化的理论基础,源于植物根系吸收养分的两大关键过程：扩散和质流。首先，肥料必须溶解于土壤溶液中才能被有效吸收，当根表附近的养分被吸收后形成浓度差，促使远离根表的养分通过扩散作用向根际移动；其次，植物蒸腾作用产生的吸水力会驱动土壤溶液（含溶解态养分）以质流形式向根部运输。这两个过程的效率直接取决于土壤水分状况，因此将灌溉与施肥有机结合（即水肥一体化），通过灌溉系统同步供给水分和可溶性养分，不仅能维持适宜的土壤溶液浓度，还能促进养分向根系的持续输送，从而显著提高肥料利用率。该技术的关键在于确保肥料完全溶解并均匀分布在灌溉水中，使养分随水分精准送达根系活动层，实现"以水促肥、以肥调水"的协同效应。

三、水肥一体化的优势

（一）提高肥料利用率

传统施肥方式下，肥料容易因挥发、淋溶、固定等作用而流失，而水肥一体化将肥料溶解在灌溉水中，直接输送至作物根系周围，减少了养分在土壤中的迁移损失，加速扩散和质流过程，使肥料能够被作物更充分吸收，提高了肥料利用率。

（二）节水效果显著

水肥一体化技术根据作物需水规律精准供水，避免了大水漫灌造成的水资源浪费。滴灌等水肥一体化方式，可使水分直接作用于作物根区，减少地表蒸发和深层渗漏，相比传统灌溉方式，节水效果显著，在干旱缺水地区优势尤为突出。

（三）提升作物产量与品质

通过精准控制水肥供应，满足作物不同生长阶段的需求，为作物创造良好的生长环境。均衡的水肥供给有助于作物根系发育、植株健壮生长，增强作物抗逆性，减少病虫害发生，进而提高作物产量与品质，如蔬菜瓜果糖分、维生素含量增加，外观和口感更好。

（四）降低生产成本

水肥一体化采用管道输送水肥，减少了人工施肥和灌溉的劳动力投入；同时，由于肥料和水资源利用效率提高，降低了农资使用量。

（五）减轻环境污染

传统施肥过量导致大量养分流失，进入地下水或地表水体，易造成水体富营养化等环境污染问题。水肥一体化减少了肥料的无效施用和流失，降低了对土壤、水体和大气的污染风险，助力农业绿色可持续发展。

（六）便于自动化与精准管理

可结合传感器、自动化控制系统，实时监测土壤湿度、养分含量和作物生长状况，根据监测数据自动调整水肥供应，实现精准化、智能化管理，提高农业生产管理效率，适应现代农业发展需求。

第二节 水肥一体化技术的发展历程及相关政策

一、水肥一体化技术的发展历程

（一）技术引入与早期探索（20 世纪 70—80 年代）

水肥一体化技术起源于无土栽培，以色列、约旦、澳大利亚、美国等国家推广和应用水肥一体化技术较早。我国水肥一体化技术的发展，最早可追溯至 1974 年，墨西哥向我国援助了一套节水灌溉系统，这成为我国首次引入的滴水灌溉设施，也拉开了国内探索水肥一体化技术的序幕。此后，在 1979 年前后，以色列与我国开展农业技术合作，建立中以农场，为我国带来了先进的农业理念与技术，其中就包括管道灌溉节水技术。这一时期，我国农业技术人员通过出国参观交流，深刻认识到微观灌溉系统在节水方面的巨大潜力，膜下滴灌技术开始在国内小范围试点推广。

与此同时，我国在肥料生产领域也取得重要进展。20世纪50年代，我国大力发展氮肥产业，逐步满足国内农业生产对氮肥的需求；到了80年代，磷肥、钾肥生产技术不断突破，肥料供应体系日益完善。但在水肥一体化技术应用初期，从以色列引进的设备在国产化过程中遭遇挑战，由于对肥料水溶性认识不足，普通肥料溶解后通过滴灌系统施用时，常出现滴头堵塞问题，影响了滴灌施肥系统的正常运行。

（二）技术发展与应用拓展（20世纪90年代至21世纪初）

进入20世纪90年代，随着国内工业科技水平的提升，化肥制造、塑料制造等相关产业逐渐成熟，为水肥一体化技术发展提供了有力支撑。一方面，国产化肥在质量和品种上不断优化，水溶性肥料的研发与生产取得进步，缓解了滴灌系统堵塞问题；另一方面，塑料工业的发展使得管道材料性能提升、成本降低，为大规模推广管道灌溉创造了条件。

这一时期，我国农业专家积极赴以色列、美国、欧洲等水肥一体化技术先进国家和地区考察学习，进一步推动了国内技术的发展。在应用方面，水肥一体化技术从最初在果园、蔬菜大棚等经济价值较高作物种植中进行尝试，逐渐向大田作物拓展。1996年后，新疆等干旱地区在棉花种植中成功应用膜下滴灌结合施肥技术，实现了节水、节肥与增产的多重效益，为该技术在全国范围的推广提供了宝贵经验。此外，国内科研人员加大对灌溉施肥理论的研究，通过产学研合作，开发出一系列适合不同地区、不同作物的水肥一体化技术模式与配套设备，促进了技术的规范化与标准化发展。

（三）政策推动与快速普及（2010年至今）

2010年以后，我国对农业节水和化肥减量增效的重视程度不断提高，出台了一系列政策支持水肥一体化技术推广。农业农村部全方位推进该技术应用，中央财政持续投入资金，在全国20多个省（区、市）开展试验试点与技术集成，建立核心示范区约50万亩①，涵盖20多种作物。在政策的引导和示范带动下，内蒙古、新疆等规模化种植区对水肥一体化技术的应用热情高涨，尤其是在经济作物种植中，该技术得到广泛认可与快速推广。

目前，水肥一体化技术已经从试点小区发展成为大规模推广应用，覆盖设施农业与大田作物，包括棉花、蔬菜、果树、小麦、玉米、马铃薯和大豆等多种作物。截至2025年3月，我国水肥一体化技术推广面积突破2.1亿亩，覆盖粮食作物占比达65%，累计节水超过450亿米^3，减少化肥用量超300万吨。这项技术不仅改变了"大水漫灌"的传统模式，更推动农业向资源集约化、管理智能化、生产绿色化转型。

二、水肥一体化技术的相关政策

（一）早期政策推动起步

2007年，《农业部关于推进农田节水工作的意见》印发，将水肥一体化列为主推技术，开启了政策引导该技术发展的进程。

2012年，国务院办公厅印发《国家农业节水纲要（2012—2020年）》，指出在水资源短缺、经济作物种植和农业规模化经营等地区，积极推广喷灌、微灌、膜下滴灌等高效节水灌溉和水肥一体化技术，为该技术推广指明了重点区域。

2013年，农业部印发《水肥一体化技术指导意见》，提出到

---

① 1亩≈667米^2。全书同。

2015年水肥一体化的推广目标，还提出分区域重点推广相适应的水肥一体化技术，涵盖设施设备、水分管理、养分管理、水肥耦合、维护保养等多方面技术指导，并明确工作重点和保障措施。

（二）发展阶段政策深化

2015年，农业部、发展改革委、科技部、财政部等多部门联合印发《全国农业可持续发展规划（2015—2030年）》，提出"一控两减三基本"目标，明确水肥一体化对于耕地质量保护和提升、高效节水，以及地表水过度开发和地下水超采区治理的作用，将其与农业可持续发展紧密关联。同年，农业部发布《到2020年化肥使用量零增长行动方案》，明确水肥一体化作为实现化肥使用量零增长的技术路径地位，凸显其在化肥减量领域的重要性。

2016年，农业部办公厅印发《推进水肥一体化实施方案（2016—2020年）》，提出到2020年的水肥一体化推广目标，进一步推进该技术落地。

2017年，中央一号文件提出，在大规模实施农业节水工程层面，加大水肥一体化等先进农艺节水技术的推广力度。

（三）绿色发展导向政策

2018年，农业农村部印发《农业绿色发展技术导则（2018—2030年）》，在农业控水与雨养旱作技术、化肥农药减施增效技术以及智慧型农业技术模式三方面，提出要推广应用水肥一体化技术，契合农业绿色发展需求。

2019年，发展改革委、水利部联合印发《〈国家节水行动方案〉分工方案》，提出要大力推进水肥一体化技术，每年发展水肥一体化面积133.3万公顷，以量化指标推动技术普及。

（四）近期政策持续推进

2021年，农业农村部印发的《"十四五"全国农业农村科技发展规划》提出，要水肥精准管控，研发示范高效节水灌溉、测土配

第一章 水肥一体化技术概述

方施肥等现代节水节肥农业技术，推动技术向精准化方向发展。

2022年，中央一号文件在加快发展设施农业层面，明确推动水肥一体化设施装备技术研发应用；同年发布的《中共中央 国务院关于做好2022年全面推进乡村振兴重点工作的意见》提出，推动水肥一体化等设施装备技术研发应用，且设备研发应用向自动化、智能化方向发展，紧跟农业现代化发展趋势。农业农村部印发的《到2025年化肥减量化行动方案》也强调，在适宜区域推广果园、茶园绿肥种植，设施农业、果园中推广水肥一体化技术。

2023年，中央一号文件在推进农业绿色发展层面，明确要推进水肥一体化发展。农业农村部结合绿色高产高效行动，在黄河流域和北方干旱缺水地区，选择重点县开展节水增粮建设，集成示范水肥一体化增粮技术模式；会同有关部门实施玉米单产提升工程，推广全生育期精准调控技术模式，推广水肥一体化技术。

2024年，农业农村部印发的《全国智慧农业行动计划（2024—2028年）》提出，鼓励各地因地制宜推进水肥一体化智慧管控设施等数字农田建设。

2025年，农业农村部审议通过《2025年全国粮油作物大面积单产提升实施方案》，强调以高标准农田建设为抓手提升单产，强化水肥一体化等关键技术示范推广，推动绿色高效生产。

第三节 水肥一体化技术的应用现状与前景

一、水肥一体化技术的应用现状

（一）应用区域分布

在全球范围内，水肥一体化技术在干旱和半干旱地区以及水资源紧张地区应用广泛。以色列凭借先进的技术和政策支持，水肥一体化普及率极高，广泛应用于各类作物种植，极大缓解了水资源短缺对农业的限制。美国在加利福尼亚州等干旱地区，大规模应用于果园、蔬菜种植园等，利用该技术实现精准灌溉施肥，提高作物产量和品质。

在我国，新疆是应用水肥一体化技术的典型区域，在棉花种植中通过膜下滴灌水肥一体化技术，节水节肥效果显著，实现了棉花高产稳产，且技术推广面积持续扩大。此外，在甘肃、内蒙古等北方干旱半干旱地区，在马铃薯、玉米等大田作物以及葡萄、枸杞等经济作物种植中，也广泛应用该技术。而在南方地区，如广东、广西的柑橘种植，福建的茶叶种植等，也开始积极推广水肥一体化技术，以应对季节性干旱和提高养分利用效率。

（二）应用作物种类

1. 粮食作物

在小麦、玉米、水稻等粮食作物种植中，水肥一体化技术应用逐渐增多。例如，在华北平原的小麦种植中，通过滴灌或喷灌水肥一体化系统，在关键生育期精准供应水肥，可提高肥料利用率15%~20%、节水20%~30%，有效减少因传统大水漫灌和撒施肥料造成的资源浪费，同时促进小麦根系发育和植株健壮生长，提高产量和品质。

2. 经济作物

苹果、柑橘、葡萄、香蕉等果树采用水肥一体化技术效果显著。以葡萄为例，通过滴灌水肥一体化，能够根据葡萄不同生长阶段（萌芽期、花期、果实膨大期、转色期等）的需水需肥规律，精确供应水肥，使果实糖分积累增加，色泽更均匀，提高果实商品性，同时减少裂果等生理病害。在蔬菜种植中，无论是叶菜类（如莴苣、白菜）还是果菜类（如番茄、黄瓜），应用水肥一体化技术都能有效提高产量和品质。在花卉种植中，玫瑰、康乃馨、蝴蝶兰等对水肥供应要求较高的花卉品种，利用水肥一体化技术，能够精准调控养分和水分，满足花卉生长的特殊需求，提高花卉品质和观赏价值，减少病虫害发生。

3. 其他作物

在中药材种植（如三七、枸杞等）以及牧草种植领域，水肥一体化技术也开始得到应用。以三七种植为例，三七对土壤环境和养分供应要求苛刻，通过水肥一体化技术，能够为其创造稳定、适宜的生长环境，提高三七的产量和有效成分含量。在牧草种植中，应用该技术可提高牧草产量和质量，为畜牧业发展提供优质饲草保障。

（三）技术模式

1. 循环式水肥一体化栽培技术模式

循环式水肥一体化栽培技术模式是目前节水节肥效果最好的技术模式，该技术模式由控制系统、浇灌系统、栽植系统三部分组成。栽植系统由PVC管道和固定架等构成，PVC管道卧式固定在固定架上。PVC管道的上方钻出等距离的圆孔，用于栽植蔬菜和草莓等作物。浇灌系统由营养液存储装置、循环装置等部分组成。存储罐内存放的营养液是根据作物生长发育不同阶段所需营养元素及比例专门配制而成的，可以完全满足作物不同生长发育期对各种养分的需要。作物栽植后，控制系统会按设定的时间段，启动、关闭浇灌系统。

浇灌系统启动后，在一定的时间段内营养液在循环装置的控制下，不间断地从PVC管的前端流向末端，再流回到存储装置内。作物也在营养液循环过程中，吸收到了水分和养分。试验表明，用循环式水肥一体化栽培技术模式栽培草莓，每亩用水仅为40.9米^3，用肥45.5千克；与滴灌式水肥一体化栽培技术模式相比，每亩节水近90米^3，节省化肥14.5千克。该技术模式技术含量较高，再加上所需投资也较高,适合在观光园区应用。

2. 滴灌式水肥一体化栽培技术模式

滴灌技术是一项很成熟的技术,但将其整合为水肥一体化技术,绝非将肥料混入水中那么简单,因为滴头对水的净度要求较高,水的净度一旦达不到要求就会造成堵塞,致使出水不畅,甚至不能出水。因此,滴灌式水肥一体化栽培技术模式的肥料必须是专用型全溶性肥料,否则,即使对肥料溶解液进行多次过滤,也很难达到要求,溶解在水中的营养成分还会在出水控制元件附近凝结,对出水流畅性产生影响,对元件造成损坏。

3. 基质式水肥一体化栽培技术模式

基质式水肥一体化栽培技术模式的灌溉和施肥方式与循环式水肥一体化栽培技术模式基本相同,草莓和蔬菜等作物本身所消耗的水分和养分也基本相当,不同的是,草莓和蔬菜等作物吸收后剩余的水分和养分不是循环利用,而是通过回收装置回收后,再通过输送装置输送到位于温室边角部位,供种植在那里的作物继续利用。该模式适合在经济效益较高的作物,如草莓等生产上应用。

4. 重力式水肥一体化栽培技术模式

重力式水肥一体化栽培技术模式亦称为微型式水肥一体化栽培技术模式,是以安装在距地面 1.5~2 米高处水罐内的肥料溶液自身重力为动力的水肥一体化栽培技术模式,只在温室一端安装一个水罐支架,在支架上安装一个容积约 2 米^3 的水罐,以后再根据农户对灌溉方式的需求情况(如滴灌、微喷、膜下沟灌、膜上沟灌等节水技术)安装相应的设备。该模式对水源、水压要求较为宽泛,也不需要通过变频调速满足管路系统对水压和水量的要求,因此,更适合不便于安装常规滴灌设施的规模较小,特别是一家一户生产的需求。

第一章 水肥一体化技术概述

(四) 应用面临的问题

1. 成本问题

前期设备投入较高,包括灌溉管道、滴头、施肥设备、控制系统等,对于小规模农户来说资金压力较大。以一个 10 亩的果园为例,安装一套较为完善的滴灌水肥一体化设备,成本可能为 2 万~3 万元。后期的维护成本也不容忽视,如滴灌管道堵塞后的清理、设备老化损坏后的更换等,都需要一定的费用支出。

2. 技术配套问题

虽然水肥一体化技术原理相对清晰,但在实际应用中,需要与土壤类型、作物品种、气候条件等因素精准配套。目前,一些地区缺乏专业的技术指导,农户对设备操作和水肥管理参数设置不够科学合理,导致设备不能充分发挥作用,水肥供应效果不佳。例如,不同土壤质地对水分和养分的保持与传输能力不同,需要调整灌溉施肥的频率和量,但很多农户难以准确把握。

3. 肥料适配问题

并非所有肥料都适合水肥一体化系统,后者需要肥料具有良好的水溶性、不堵塞管道、与其他肥料和灌溉水不发生化学反应等特性。目前,市场上符合要求的优质水溶性肥料种类相对有限,且价格普遍较高,一些农户为降低成本使用普通肥料,容易造成滴头等设备堵塞,影响系统正常运行。

二、水肥一体化技术的应用前景

(一) 技术创新推动应用拓展

1. 智能化升级

随着物联网、大数据、人工智能等技术的深度融合,水肥一体化系统将实现全面智能化。传感器将更加精准地实时监测土壤温湿度、养分含量、作物生理指标以及气象数据等信息。例如,通过植物体内的传感器监测作物的水势、养分含量等，精准判断作物的需水需肥情况。借助人工智能算法，系统可自动分析数据并生成最优的水肥供应方案，实现自动控制施肥量、施肥时间和灌溉量，不需要人工过多干预。未来农民只需通过手机或电脑终端，就能随时随地监控和调整田间水肥管理，大大提高管理效率和精准度。

2. 新材料应用

研发和应用新型抗堵塞、耐老化、高强度的灌溉管材和滴头材料，提升设备使用寿命和稳定性。例如，采用具有自清洁功能的纳米材料制作滴头，减少堵塞风险，降低维护成本。同时，新型肥料包装材料也将不断涌现，可实现肥料的缓慢释放和精准溶解，进一步优化水肥一体化效果。此外，可降解材料的应用将使灌溉设备在废弃后能自然分解，减少环境污染，符合可持续发展要求。

3. 与其他农业技术融合

水肥一体化将与精准农业、智慧农业、生态循环农业等进一步深度融合。与精准农业结合，可根据田间不同地块的土壤肥力、作物生长差异，实现分区精准水肥管理；与智慧农业融合，借助无人机、卫星遥感等技术获取作物生长信息，为水肥一体化提供更全面的数据支持；与生态循环农业融合，将养殖废弃物、沼液等作为肥料来源，通过水肥一体化系统还田利用，实现资源的循环利用，构建生态友好型农业生产模式。

（二）应用领域和区域持续扩大

1. 作物种类拓展

除了目前广泛应用于大田作物、经济作物和花卉等，未来水肥一体化技术将在更多特色作物种植中得到应用，如特种中药材、珍稀食用菌、特色林果等。例如，在铁皮石斛等对生长环境要求苛刻的中药材种植中，通过精准的水肥供应，可提高药材的有效成分含量和品质；在食用菌栽培中，利用水肥一体化技术精准控制基质的水分和养分，促进菌丝生长和子实体发育，提高产量和质量。

2. 区域拓展

在国内，随着技术的不断成熟和成本的降低，水肥一体化将从目前的干旱半干旱地区和经济发达地区，向更多区域推广。例如，在南方丘陵山区，通过改进设备和技术模式，适应复杂地形，实现山地果园、茶园的水肥一体化应用。

第二章 水肥一体化智能系统的组成与原理

第一节 硬件设备组成

水肥一体化智能系统的硬件设备是实现精准灌溉与施肥的基础，各部分协同工作，为作物生长创造良好的水分和养分环境。该系统的硬件设备涵盖多个关键部分。

一、传感器

传感器在水肥一体化智能系统中发挥着"感知触角"的作用，能够实时监测土壤、作物及环境的各项关键参数，为系统决策提供精准的数据支持。

（一）土壤类传感器

1. 土壤温湿盐氮磷钾六合一传感器

功能强大，可同时测定土壤中的氮、磷、钾 3 个养分参数，以及温度、湿度、盐分 3 个环境参数。通过对这些参数的综合分析，系统能够准确掌握土壤的肥力状况和理化性质，从而为科学施肥和灌溉提供依据。例如，当监测到土壤中氮元素含量较低时，系统可相应增加氮肥的施用量；若土壤湿度低于作物生长适宜范围，则启动灌溉设备进行补水。

2. 土壤水分传感器

通常采用不锈钢材质，具备良好的防水性能，适合在野外环境中稳定工作。它可通过有线连接气象站或者温室小管家，能实时、准确地测量土壤水分含量。以蔬菜种植为例，不同生长阶段的蔬菜对土壤水分的需求各异，土壤水分传感器可实时反馈土壤墒情，帮助系统及时调整灌溉策略，确保蔬菜根系处于适宜的水分环境中，促进蔬菜健康生长。

3. 土壤氧气传感器

体积小巧、功耗低且精度高，用于监测土壤中的氧气含量。土壤氧气含量对作物根系呼吸和微生物活动至关重要。在一些透气性较差的黏性土壤中，通过土壤氧气传感器监测数据，系统可采取相应措施，如合理灌溉、中耕松土等，改善土壤通气性，为作物根系生长创造良好条件。

4. 土壤管式剖面水分仪

采用管式设计，能够一次性测量多层土壤水分，获取不同深度土壤的水分分布状况。这对于深入了解作物根系层土壤水分动态变化极为重要。在果园灌溉管理中，通过该传感器了解不同土层水分状况，可避免深层土壤水分过度渗漏或浅层土壤水分不足，实现精准灌溉，提高水资源利用效率。

（二）作物类传感器

1. 作物茎秆微变化传感器

可实时监测作物茎秆的细微变化，这些变化与作物的水分和养分状况密切相关。例如，当作物缺水或养分供应不足时，茎秆会出现细微收缩，传感器捕捉到这一变化后，将信号传输给系统，系统据此调整水肥供应策略，及时满足作物生长需求。

2. 叶片温度传感器

作物叶片温度能够反映作物的生理状态和环境适应性。在高温天气下，叶片温度过高，可能意味着作物水分蒸腾过快，存在缺水风险。系统根据叶片温度传感器数据，结合其他参数，可精准判断是否需要增加灌溉量，以维持作物正常的生理功能。

3. 果实膨大传感器

对于果树种植而言，果实膨大传感器能实时监测果实的生长状况。在果实膨大期，通过该传感器反馈的数据，系统可精确调控水肥供应，确保果实获得充足的水分和养分，促进果实膨大，提高果实产量和品质。

4. 植物呼吸传感器

用于监测植物的呼吸作用强度，了解植物的新陈代谢情况。植物呼吸强度受水分、养分、温度等多种因素影响，传感器将监测数据传输给系统，有助于系统综合分析作物生长状态，优化水肥管理方案。

5. 叶面湿度传感器

主要监测作物叶面的湿度情况。叶面湿度过高易引发病虫害，通过叶面湿度传感器，系统可及时掌握叶面湿度信息，当湿度过高时，采取通风、降低灌溉量等措施，预防病虫害的发生，保障作物健康生长。

二、自动灌溉系统

自动灌溉系统是水肥一体化智能系统的核心执行部分，基于传感器采集的数据，通过智能控制，自动调节灌溉设备的开启和关闭，精准满足作物对水分的需求。该系统可采用多种灌溉方式，以适应不同的作物种类、种植环境和地形条件。

（一）喷灌

喷灌是利用水泵加压或自然落差，将灌溉用水通过压力管道输送到田间，再经过喷头喷射到空中，形成细小的水滴，均匀喷洒在土壤上。喷头可根据需要进行不同角度和射程的调整,以实现大面积均匀灌溉。

喷灌适用于大田作物、蔬菜、果园等大面积种植区域,尤其在地形较为平坦、水源充足的地区应用效果显著。例如,在大面积小麦种植区,喷灌系统可快速、均匀地为小麦提供水分,满足其生长需求,提高灌溉效率。

喷灌灌溉范围广,能有效覆盖大面积农田;可根据作物需求调整喷灌强度和时间,实现精准灌溉;能改善田间小气候,增加空气湿度,有利于作物生长;相较于传统大水漫灌,可节约用水30%~50%。

(二)滴灌

滴灌通过可控管道系统供水,使水通过滴头缓慢、均匀地滴入作物根系附近的土壤中,浸润作物根系发育生长区域,使主要根系土壤始终保持疏松和适宜的含水量。

滴灌常用于温室大棚蔬菜、花卉、果树等经济作物的种植。这些作物对水分和养分的供应精度要求较高,滴灌系统能精准满足其需求。例如,在温室草莓种植中,滴灌可将水分和养分直接输送到草莓根系周围,避免水分和养分的浪费,同时减少病害传播。

滴灌节水效果显著,相较于传统灌溉方式,可节水50%~70%;能有效控制土壤湿度,避免土壤板结和养分淋失;可与施肥系统结合,实现水肥同步精准供应,提高肥料利用率;操作简单,可实现自动化控制。

(三)微喷灌

微喷灌是利用微喷头将水以细小的雾滴形式喷洒在作物叶面或地面上,既能满足作物对水分的需求,又能起到一定的降温、增湿作用。微喷头的喷洒范围相对较小,但雾化效果好。

微喷灌适用于花卉、苗圃、茶园等对水分和环境湿度要求较高的作物种植。例如，在花卉种植中，微喷可营造适宜的湿度环境，促进花卉生长，同时避免因大水灌溉对花卉造成损伤。

微喷节水节能，雾化效果好，能均匀湿润作物和土壤；可改善局部小气候，减少病虫害发生；安装和维护相对简单，成本较低。

三、施肥设备

施肥设备是实现精准施肥的关键设备，可根据作物需求和土壤养分状况，精确控制肥料的施用量和施用方式，确保作物在不同生长阶段获得适宜的养分供应。

（一）注肥泵

注肥泵通过机械或电动方式，将肥料溶液从肥料桶中抽出，并按照设定的流量和压力注入灌溉管道中，与灌溉水充分混合后输送到作物根系区域。其流量和压力可通过控制系统进行精确调节。

注肥泵注肥精度高，可根据作物不同生长阶段的养分需求量，准确控制肥料注入量；能够与灌溉系统紧密配合，实现水肥同步供应，提高肥料利用率；操作简便，可通过自动化控制系统实现远程操作和定时定量施肥。

（二）文丘里射流器

文丘里射流器基于文丘里效应工作，当灌溉水通过文丘里射流器的收缩段时，流速增加，压力降低，形成负压，从而将肥料溶液吸入灌溉水流中，并在扩散段与灌溉水充分混合。通过调节灌溉水流量和文丘里射流器的结构参数，可控制肥料的吸入量。

文丘里射流器结构简单，不需要额外动力设备，利用灌溉水自身的能量实现吸肥和混肥过程，成本较低；安装和维护方便，不易出现故障；可与多种灌溉系统兼容，适用性强。

（三）肥料搅拌机

肥料搅拌机用于将不同种类的肥料充分混合均匀，确保肥料溶液中各种养分的浓度一致。其通常由搅拌桨叶、电机和搅拌桶组成，电机带动搅拌桨叶旋转，对肥料进行搅拌。

肥料搅拌机能有效保证肥料混合的均匀性，避免因肥料混合不均导致作物局部养分过剩或不足；可根据不同肥料的特性和混合要求，调整搅拌速度和时间，提高肥料混合效果；有助于提高肥料的溶解速度，使肥料更好地与灌溉水混合，提高施肥效果。

(四) 施肥桶

施肥桶用于储存肥料溶液，通常由耐腐蚀材料制成，以防止肥料溶液对桶体的腐蚀。施肥桶上设有进液口、出液口和液位计等装置，可方便地添加肥料和监测肥料溶液的液位。

施肥桶为肥料的储存和供应提供了稳定的容器，确保肥料在施肥过程中的连续性；通过液位计可实时了解肥料溶液的剩余量，便于及时补充肥料，避免因肥料不足影响施肥效果；与注肥泵等设备配合使用，可实现精准施肥。

四、控制器

控制器是水肥一体化智能系统的"大脑"，承担着数据处理、指令控制和系统协调等重要功能，使整个系统能够高效、稳定地运行。

(一) 数据处理功能

控制器实时接收传感器采集的土壤水分、养分含量、作物生长状况以及环境温度、湿度等各类数据。对这些海量数据进行快速分析和处理，提取有价值的信息，如判断土壤肥力水平、作物需水需肥程度等。例如，通过对土壤温湿盐氮磷钾六合一传感器数据的分析，控制器可准确评估土壤养分状况，为制订合理的施肥方案提供依据。

(二) 指令控制功能

根据预设的规则、算法以及数据处理结果，控制器自动发出灌溉和施肥指令。当土壤水分传感器监测到土壤湿度低于设定阈值时,控制器立即启动灌溉设备,打开相应的阀门,调节灌溉流量和时间,确保土壤水分恢复到适宜范围。在施肥方面,控制器根据作物不同生长阶段的需肥规律和土壤养分监测结果,控制注肥泵的开启、关闭以及肥料的注入量和注入时间,实现精准施肥。

(三)系统协调功能

控制器负责协调系统中各个硬件设备的工作,确保它们之间相互配合、协同运行。它不仅要控制灌溉设备和施肥设备的工作状态,还要与数据记录仪、远程监控终端等其他设备进行数据交互和通信。例如,控制器将灌溉和施肥的执行情况数据传输给数据记录仪进行存储,同时接收远程监控终端发送的控制指令,实现对系统的远程操作和管理。

五、数据记录仪

数据记录仪在水肥一体化智能系统中扮演着"数据管家"的角色,用于存储和管理系统运行过程中产生的各类数据,为后续的数据分析和决策提供支持。

(一)数据存储功能

数据记录仪能够实时记录传感器采集的数据,包括土壤水分、温度、养分含量,作物生长参数,以及控制器发出的灌溉、施肥指令等信息。这些数据以时间序列的方式进行存储,形成完整的系统运行数据档案。例如,每天24小时不间断记录土壤湿度数据,可清晰反映土壤湿度在一天内的变化情况,以及长期的变化趋势。

(二)数据分析功能

部分先进的数据记录仪具备一定的数据分析功能,可对存储的数据进行初步分析和统计,如计算土壤养分含量的平均值、最大值、最小值,分析作物生长参数的变化趋势等。通过这些分析,用户可以直观了解系统运行状况和作物生长环境的变化情况,及时发现潜在问题。例如,通过分析一段时间内土壤氮元素含量的变化趋势,判断施肥方案是否合理,是否需要调整肥料配方。

(三)数据导出与共享功能

数据记录仪支持数据导出功能,用户可将存储的数据以 Excel、CSV 等常见格式导出,方便使用专业数据分析软件进行深入分析。此外,一些数据记录仪还具备网络通信功能,可实现数据的远程共享。通过网络,农业专家、种植户等相关人员可实时获取系统数据,进行远程诊断和决策指导。例如,农业技术人员可通过远程访问数据记录仪,为种植户提供施肥和灌溉方面的技术建议。

六、其他辅助设备

(一)太阳能供电装置

太阳能供电装置通过太阳能电池板将太阳能转化为电能,存储在蓄电池中,为系统中的传感器、控制器、灌溉设备、施肥设备等提供电力支持。在阳光充足时,太阳能电池板将太阳能转化为电能,一部分直接用于为设备供电,另一部分存储在蓄电池中备用;当光照不足或夜间时,由蓄电池为设备供电,确保系统持续稳定运行。

太阳能是一种清洁、可再生能源,使用太阳能供电装置可减少对传统电网的依赖,降低能源成本,尤其适用于偏远地区或电网覆盖不完善的农田。同时,太阳能供电装置具有安装方便、维护简单、使用寿命长等优点,有助于提高系统的独立性和可持续性。

(二)气象站

气象站可实时监测气象参数,如气温、湿度、光照强度、风速、风向、降水量等。通过各类气象传感器采集这些数据,并通过无线或有线通信方式将数据传输给控制器或数据记录仪。

气象条件对作物生长和水肥需求有重要影响。例如，在高温干旱天气下，作物水分蒸腾快，需水量增加，系统可根据气象站提供的气温、光照强度等数据，适当增加灌溉量和灌溉频率；在降雨天气时，系统可根据降水量数据，自动调整灌溉计划，避免过度灌溉。气象站的数据为系统提供了更全面的环境信息，有助于实现更精准的水肥管理。

(三) 远程监控终端

远程监控终端通常包括手机 App、电脑客户端等，通过网络与系统中的控制器或数据记录仪进行通信。用户可通过远程监控终端随时随地查看系统的运行状态，包括传感器数据、灌溉和施肥设备的工作情况等，还可远程发送控制指令，对系统进行操作和调整。

远程监控终端极大地方便了用户对水肥一体化智能系统的管理和控制，用户无论身处何地，只要有网络连接，就能实时掌握系统运行状况，及时做出决策。例如，种植户在外出期间，可通过手机 App 查看农田土壤墒情和作物生长情况，发现问题后可立即远程调整灌溉和施肥参数，确保作物正常生长。

第二节　智能控制系统原理

水肥一体化智能系统的硬件设备是系统运行的基础，而智能控制系统则是整个系统的"灵魂"，赋予系统自主决策和精准调控的能力。智能控制系统通过对各类传感器数据的采集、分析与处理，结合预设的控制规则和算法，实现对灌溉和施肥设备的自动化、智能化控制，以满足作物不同生长阶段的水分和养分需求，达到节水节肥、提高作物产量和品质的目的。其核心原理涵盖数据采集与处理、控制逻辑与算法、通信网络与远程监控、系统优化与反馈等多个方面。

一、数据采集与处理

数据采集是智能控制系统运行的起点,各类传感器作为系统的"感知器官",实时获取土壤、作物和环境的关键参数,为后续决策提供数据支撑。而数据处理则是对采集到的数据进行清洗、分析和转换,使其成为可用于系统决策的有效信息。

(一)数据采集

1. 传感器网络

系统中的传感器种类繁多,包括土壤类传感器(如土壤温湿盐氮磷钾六合一传感器、土壤水分传感器等)、作物类传感器(如作物茎秆微变化传感器、叶片温度传感器等)以及环境类传感器(如气象站中的气温、湿度、光照强度传感器等)。这些传感器通过有线或无线通信技术,组成一个庞大的传感器网络,分布在农田的各个区域,实现对农田环境和作物生长状况的全方位、实时监测。

2. 数据采集频率

不同类型的传感器根据其监测参数的变化特点和作物生长需求,设置不同的数据采集频率。例如,土壤水分传感器由于土壤湿度变化相对较慢,可设置每 15 分钟采集 1 次数据;而气象站中的光照强度传感器,考虑到光照强度在一天内波动较大,则可能设置每 5 分钟采集 1 次数据。合理的数据采集频率既能保证获取足够的信息,又能避免数据冗余,提高系统运行效率。

(二)数据处理

1. 数据清洗

由于传感器在实际工作中可能受到环境干扰、设备故障等因素影响,采集到的数据可能存在异常值、缺失值等问题。数据清洗就是通过一定的算法和规则，对原始数据进行筛选、修正和补充，去除噪声数据，保证数据的准确性和完整性。例如，当土壤温度传感器采集到的温度值出现明显超出正常范围的情况时，系统可通过与相邻传感器数据对比或参考历史数据，对异常值进行修正。

2. 数据分析

对清洗后的数据进行深入分析，挖掘数据背后的规律和信息。通过统计分析方法，如计算平均值、标准差、最大值、最小值等统计量，了解数据的分布特征；运用时间序列分析方法，分析数据随时间的变化趋势，如土壤湿度在不同时间段的变化情况、作物生长指标在整个生长周期内的演变趋势等。此外，还可以采用数据挖掘技术，建立数据之间的关联模型，如分析土壤养分含量与作物产量之间的关系，为系统决策提供更科学的依据。

3. 数据转换

将采集到的原始数据转换为适合系统处理和决策的格式和形式。例如，将传感器采集到的模拟信号转换为数字信号，将不同单位的数据统一转换为标准单位；对数据进行归一化处理，使其处于相同的数值范围，便于数据的比较和分析。

二、控制逻辑与算法

控制逻辑与算法是智能控制系统的核心，决定了系统如何根据数据处理结果做出决策，并控制灌溉和施肥设备的运行。

（一）控制规则设定

1. 作物生长模型

根据不同作物在各个生长阶段的需水需肥规律，建立相应的作物生长模型。模型综合考虑作物品种、生育期、土壤类型、气候条件等因素，确定作物在不同生长阶段的适宜土壤湿度范围、养分需求比例等指标。例如，在小麦的拔节期，需水量和需肥量相对较高，系统根据小麦生长模型，将土壤相对湿度控制在60%~70%，同时按照一定的氮、磷、钾比例供应肥料。

2. 阈值控制

基于作物生长模型和实际种植经验，为各类监测参数设定合理的阈值。当土壤水分传感器监测到土壤湿度低于设定的下限阈值时，系统启动灌溉设备；当土壤湿度达到上限阈值时，停止灌溉。同样，对于土壤养分含量，当某种养分低于临界值时，系统自动开启施肥设备，补充相应的肥料。

(二) 控制算法

1. 比例-积分-微分（PID）控制算法

PID控制算法是一种常用的闭环控制算法，在水肥一体化智能控制系统中被广泛应用。该算法根据设定值与实际测量值之间的偏差，通过比例、积分和微分3个环节的计算，自动调节灌溉和施肥设备的运行参数，使系统输出尽快达到设定值并保持稳定。例如，在控制灌溉流量时，当实际土壤湿度与设定湿度之间存在偏差，PID控制器根据偏差大小、偏差变化率等因素，调整灌溉阀门的开度，从而精确控制灌溉流量，使土壤湿度逐渐接近设定值。

2. 模糊控制算法

农田环境复杂多变，影响作物需水需肥的因素众多，因此难以建立精确的数学模型。模糊控制算法基于模糊逻辑，能够处理不精确、不确定的信息，模拟专家的经验和决策过程。它将传感器采集到的连续数据（如土壤湿度、温度等）划分为不同的模糊集合（如"低""中""高"），根据预先制定的模糊规则进行推理和决策，控制灌溉和施肥设备的运行。例如，当土壤湿度处于"较低"水平，且气温处于"较高"水平时，模糊控制器根据规则，自动增加灌溉量和灌溉频率。

3. 专家系统算法

专家系统算法是将农业领域专家的知识和经验转化为计算机

可执行的规则和模型。系统通过收集和整理专家在作物栽培、水肥管理等方面的经验，建立知识库和推理机制。当系统接收到传感器数据后，依据知识库中的知识和推理规则进行分析和判断，制订相应的水肥管理方案。例如，专家系统可以根据不同的病虫害发生情况，结合作物生长阶段，给出合理的水肥调整建议，以增强作物的抗病能力。

三、通信网络与远程监控

通信网络是智能控制系统实现数据传输和远程控制的关键，它使系统各部分之间能够进行有效的信息交互；远程监控则为用户提供了便捷的管理方式，以实现对系统的远程操作和实时监测。

（一）通信网络

1. 有线通信

常见的有线通信方式包括 RS485、CAN 总线等。RS485 通信接口具有传输距离远、抗干扰能力强等优点，适用于传感器和控制器之间距离较远的场合。多个传感器可通过 RS485 总线与控制器连接，实现数据的集中采集和传输。CAN 总线则具有数据传输速率高、可靠性强等特点，在一些对数据传输实时性要求较高的系统中得到应用，如灌溉设备和施肥设备的控制信号传输。

2. 无线通信

随着无线通信技术的发展，无线通信在水肥一体化智能控制系统中得到广泛应用。常见的无线通信技术包括 ZigBee、LoRa、4G/5G 等。ZigBee 是一种短距离、低功耗的无线通信技术，适合用于传感器节点之间的通信，能够组成自组织网络，实现大量传感器的快速组网和数据传输。LoRa 具有远距离传输、低功耗、强抗干扰等优势，适用于农田范围较大、传感器分布较分散的场景。4G/5G 通信技术则具有高速率、广覆盖的特点，可实现控制

第二章　水肥一体化智能系统的组成与原理

器与远程监控终端之间的实时通信，用户通过手机 App 或电脑客户端，能够快速获取系统数据，并远程控制设备运行。

（二）远程监控

1. 远程监控平台

远程监控平台通常由服务器、数据库和客户端软件组成。服务器负责接收和处理来自控制器的数据，并将数据存储在数据库中；客户端软件（如手机 App、电脑客户端）提供友好的用户界面，用户可以通过该界面实时查看农田环境数据、设备运行状态等信息，还可以远程设置灌溉和施肥参数，下发控制指令。

2. 报警功能

远程监控平台具备报警功能，当系统监测到异常情况时，如土壤湿度过低、设备故障等，平台会及时向用户发送报警信息，报警方式包括短信、手机 App 推送、邮件等。用户收到报警信息后，可迅速采取相应措施，避免问题扩大，保障系统正常运行和作物生长安全。

四、系统优化与反馈

为了使水肥一体化智能系统始终保持最佳运行状态，满足不断变化的作物生长需求和环境条件，系统需要具备优化和反馈机制。

（一）系统优化

1. 参数优化

根据实际种植效果和数据分析结果，对系统的控制参数进行优化调整。例如，通过对比不同灌溉和施肥参数设置下的作物产量和品质，分析土壤养分变化情况，调整灌溉阈值、施肥比例等参数，使系统更加贴合实际需求，提高水肥利用效率和作物经济效益。

2. 算法优化

随着技术的发展和应用场景的变化，需要不断改进和优化控制算法。适时引入新的算法和技术，如人工智能、机器学习算法，对系统的控制逻辑进行优化，提高系统的决策准确性和智能化水平。例如，利用机器学习算法对大量的历史数据进行学习和训练，建立更精准的作物需水需肥预测模型，使系统能够精准预判作物的水肥需求，实现更精准的灌溉和施肥。

(二) 反馈机制

1. 实时反馈

传感器实时采集系统运行过程中的各类数据，并将数据反馈给控制器。控制器根据反馈数据，及时调整灌溉和施肥设备的运行状态，实现对系统的实时控制。例如，在灌溉过程中，土壤水分传感器不断监测土壤湿度，并将数据反馈给控制器，控制器根据反馈数据调整灌溉流量，确保土壤湿度保持在设定范围内。

2. 长期反馈

通过对生长周期内的作物产量、品质，土壤肥力变化等数据进行长期监测和分析，评估系统的运行效果。将评估结果反馈给系统优化模块，为系统参数调整和算法优化提供依据，使系统在长期运行过程中不断改进和完善。例如，在一个种植季结束后，分析作物产量与水肥管理方案之间的关系，若发现产量未达到预期目标，则对下一季的水肥管理方案进行调整和优化。

五、与物联网和云计算的融合

随着物联网和云计算技术的发展，水肥一体化智能控制系统正朝着更智能化、集成化的方向发展，通过与物联网和云计算的深度融合，进一步提升系统的功能和性能。

(一) 物联网技术的应用

1. 设备互联

物联网技术实现了系统中各类硬件设备的互联互通，包括传感器、灌溉设备、施肥设备、控制器等。通过统一的通信协议和标准，这些设备能够相互通信、协同工作，形成一个有机的整体。例如，传感器采集的数据可以直接传输给灌溉和施肥设备，设备根据数据自动调整工作状态，不需要人工干预，实现真正的智能化控制。

2. 智能感知与预测

借助物联网技术，系统能够更全面地感知农田环境和作物生长状况。通过部署大量的传感器节点，获取更丰富的数据信息，并利用大数据分析和人工智能技术，对作物的生长趋势进行预测，提前制定相应的水肥管理策略。例如，通过分析气象数据、土壤数据和作物生长数据，预测未来一段时间内作物的需水需肥情况，实现精准灌溉和施肥。

(二) 云计算技术的应用

1. 数据存储与处理

云计算技术为系统提供了强大的数据存储和处理能力。由于水肥一体化智能系统在运行过程中会产生大量的数据，传统的本地存储和处理方式难以满足需求。通过将数据存储在云端，利用云计算平台的分布式存储和计算资源，实现数据的高效存储和快速处理。同时，云计算平台还支持多用户同时访问和处理数据，方便农业专家、种植户等不同用户进行数据分析和决策。

2. 远程管理与服务

基于云计算技术，用户可以通过任何具有网络连接的设备，如手机、电脑等，远程访问和管理水肥一体化智能系统。云计算平台还可以为用户提供个性化的服务，如根据用户的种植需求和历史数据，提供定制化的水肥管理方案；通过对大量用户数据的分析，总结出不同地区、不同作物的最佳水肥管理模式，为用户提供参考和借鉴。

第三章 水肥一体化智能技术的规划与设计

第一节 农田基本情况评估

水肥一体化智能技术的规划与设计需以农田基础条件为基础,通过科学评估实现技术方案与实际需求的精准匹配。

一、地形地貌评估

(一)地形测绘

借助高精度的卫星遥感影像、无人机测绘以及传统的全站仪测量等手段,获取农田的详细地形数据。精确绘制等高线地形图,清晰呈现农田的起伏状况,包括坡度、坡向等关键信息。一般来说,对于坡度超过 15°的区域,在进行水肥一体化系统布局时,需特别注意防止水肥在坡地流动过程中形成分布不均的情况,可能需要设置更多的分区控制阀以及采取特殊的灌溉和施肥方式,以确保每个区域都能得到适宜的水肥供应。

(二)地貌类型识别

明确农田所处的地貌类型,是平原、丘陵、山地还是洼地等。不同地貌类型对水肥的运移和存储有着显著影响。例如,在平原地区,水肥分布相对较为均匀,系统设计可侧重于大面积的统一灌溉和施肥;而在丘陵和山地,由于地势落差,水土流失和水肥渗漏问题易发生，需要结合地形设置截水沟、蓄水池等辅助设施，并且在灌溉施肥设备选型上，要考虑能够适应地形变化的可调节性强的产品。

二、土壤特性评估

（一）土壤质地分析

通过采集不同深度（一般按0~20厘米、20~40厘米等分层采样）的土壤样本，在实验室利用比重计法、筛分法等专业方法，准确测定土壤质地，判断其是砂土还是黏土。砂土的通气性和透水性良好，但保水保肥能力差，在设计水肥一体化系统时，需增加灌溉和施肥的频率，减少单次的灌溉量和施肥量，以防止水肥流失；黏土则相反，其保水保肥能力强，但透气性差，要注意控制灌溉量，避免土壤积水导致根系缺氧，同时施肥时要注重肥料的溶解性和有效性，防止肥料在土壤中积累。

（二）土壤养分含量测定

运用化学分析方法，对土壤中的氮、磷、钾大量元素以及铁、锌、锰等微量元素的含量进行精准检测。根据检测结果绘制土壤养分分布图，了解不同区域土壤养分的丰缺状况。若土壤氮含量偏低，在设计施肥方案时，可针对性地增加氮肥的施用量或调整氮肥的释放方式；对于微量元素缺乏的区域，可通过水肥一体化系统精确补充相应的微量元素肥料，实现精准施肥，提高肥料利用率，减少肥料浪费和环境污染。

（三）土壤酸碱度（pH值）测定

使用pH计等仪器测定土壤的酸碱度。大多数作物适宜在pH值为6.5~7.5的中性土壤环境中生长。土壤pH值偏离这个范围，会影响土壤养分的有效性以及作物对养分的吸收。比如，在酸性土壤（pH值<6.5）中，铁、铝等元素的活性较高，可

能对作物产生毒害作用,此时可通过在灌溉水中添加石灰等碱性物质进行土壤改良;在碱性土壤(pH值>7.5)中,一些微量元素如锌、锰等的有效性则容易降低,可适当施用酸性肥料或进行灌排洗盐等措施来改善土壤环境。

三、作物种植信息调查

(一) 种植作物种类及布局

详细记录农田中种植的各类作物的种类、种植面积以及分布区域。不同作物对水分和养分的需求特性差异巨大。例如,蔬菜类作物生长周期短、生长速度快,对水分和养分的需求较大;而果树类作物生长周期长,不同生育时期对水肥的需求有明显变化,花期和果实膨大期对养分需求旺盛,休眠期则需求较少。了解作物布局情况,有助于合理划分灌溉和施肥区域,针对不同作物制订个性化的水肥供应方案。

(二) 作物生长周期及需水需肥规律

深入研究每种作物在不同生长阶段的需水需肥规律。以小麦为例,在苗期需水量较少,主要以促进根系生长为主,对氮肥需求相对较多;拔节期至孕穗期,植株生长迅速,需水量和需肥量急剧增加,此时氮、磷、钾等养分都不可或缺;灌浆期则需保证充足的水分供应,以促进籽粒饱满,对钾肥的需求相对突出。根据作物的这些生长特性,在设计水肥一体化系统的控制程序时,能够精准设定不同阶段的灌溉时间、灌溉量以及肥料的配比和施用量,实现精准的水肥管理,满足作物在各个生长阶段的最佳需求,从而提高作物产量和品质。

四、农田基础设施状况评估

(一) 灌溉水源调查

全面考察农田的灌溉水源类型,是地表水(如河流、湖泊、水库等)、地下水还是雨水收集系统等。评估水源的水量是否充足，是否能够满足农田在不同生育时期最大灌溉需求。例如，对于以河流为灌溉水源的农田，要关注河流的流量变化规律，在枯水期是否能够保证有足够的水量用于灌溉；对于抽取地下水的情况，需了解地下水位的深度、含水层的富水性以及可开采量，防止过度开采导致地下水位下降和地面沉降等问题。同时，检测水源的水质，包括酸碱度、溶解氧、电导率、重金属含量等指标，确保水源符合灌溉用水标准，避免因水质问题对作物生长和土壤环境造成不良影响。若水质存在问题，需在系统设计中考虑相应的水质处理措施，如沉淀、过滤、消毒等。

(二) 现有灌溉排水设施评估

对农田中现有的灌溉渠道（如明渠、暗渠）、排水渠道、泵站、水闸等设施进行详细检查。评估灌溉渠道的输水能力是否满足需求，渠道是否存在渗漏、淤积等情况，若存在问题，需计算渗漏和淤积对水量损失的影响程度，以便在设计新的水肥一体化系统时进行水量补偿或对现有渠道进行修复改造。检查排水设施的排水能力，能否在暴雨等极端天气条件下及时排除田间积水，避免作物受涝。对于老旧的泵站和水闸，评估其设备性能和运行状况，是否需要更新升级，以确保整个灌溉排水系统能够与水肥一体化智能技术高效协同运行。

(三) 电力供应与通信网络状况

了解农田区域的电力供应稳定性和容量。水肥一体化智能系统中的水泵、控制器、传感器等设备通常需要稳定的电力支持。若电力供应不稳定或容量不足，可能导致设备无法正常运行或频繁损坏。对于电力供应存在问题的区域，需要考虑配备备用电源（如柴油发电机）或申请电力增容改造。同时，评估通信网络（如4G/5G或有线网络）的覆盖情况，因为智能化的水肥管理系统往往依赖于实时的数据传输和远程控制,良好的通信网络能够确保系统的精准运行和及时调整。若通信信号不佳,需要考虑采用信号增强设备或选择合适的通信方式(如无线自组网等)来保障系统的通信需求。

第二节　系统选型与参数确定

一、灌溉系统选型

(一)滴灌系统

滴灌系统适用于对水分和养分需求精准、土壤保水能力较差或地形复杂的农田。其通过滴头将水和肥料溶液缓慢、均匀地滴入作物根系附近土壤,能有效减少水分蒸发和深层渗漏。在果园、温室大棚蔬菜种植等场景中广泛应用。选择滴灌系统时,需根据作物种植密度、土壤质地等确定滴头流量(一般为1~4升/时)和间距(如果树滴头间距可设为1~2米,蔬菜则根据垄距设置为0.3~0.5米),同时考虑毛管和支管的管径(常用毛管管径为12~16毫米,支管管径为20~63毫米),以保证系统的均匀性和稳定性。

(二)喷灌系统

喷灌系统适用于大面积、地形相对平坦的农田,可分为固定式、半固定式和移动式。固定式喷灌系统投资较大但使用方便,常用于大型农场;半固定式和移动式则灵活性较高,适合不同规模的农田。喷灌系统的喷头选型至关重要,需要根据灌溉区域面积、作物高度、风速等因素选择合适的喷头类型(如旋转式、折射式)和射程(一般为5~20米)。同时,确定水泵的流量和扬程,以满足喷头工作压力需求(一般喷头工作压力在0.1~0.3兆帕)。

(三) 微喷灌系统

微喷灌结合了滴灌和喷灌的优点，通过微喷头将水以细小雾滴的形式喷洒在作物根区或叶面，具有节水、降温、改善田间小气候等作用。适用于花卉、苗圃、茶园等对湿度要求较高的作物。选型时需确定微喷头的流量（通常为 20~250 升/时）、喷洒半径（1~5 米），以及配套的管道规格和水泵参数，确保系统运行高效且能满足作物需水要求。

二、施肥系统选型

(一) 压差式施肥罐

压差式施肥罐结构简单、成本较低，适用于小型农田或对施肥精度要求不太高的场景。其工作原理是利用灌溉管道上的水流压力差，将肥料溶液吸入灌溉系统。选择时需根据灌溉系统流量确定施肥罐容积（一般为 50~500 升），并合理设置进水管和出水管的位置及管径，以保证肥料溶液的均匀混合和稳定输出。

(二) 文丘里施肥器

文丘里施肥器利用水流通过狭窄管道时产生的负压吸入肥料溶液，具有体积小、安装方便的特点。适用于灌溉流量较小的系统，如温室大棚、小型果园等。选型时需根据灌溉系统的设计流量和工作压力选择合适规格的文丘里施肥器，确保其能够提供足够的吸肥能力，同时注意防止空气进入灌溉系统影响施肥效果。

(三) 注肥泵

注肥泵包括柱塞泵、隔膜泵等类型，施肥精度高、可实现自动化控制，适用于大型农田和对施肥精准度要求高的水肥一体化系统。选择注肥泵时，需根据系统所需的最大施肥量、肥料溶液浓度和灌溉流量确定泵的流量和压力参数（如流量范围一般为 0.5~50 升/分，工作压力 0.2~1 兆帕），同时考虑泵的耐腐蚀性能和使用寿命，以适应不同肥料溶液的特性。

三、控制系统选型

（一）手动控制系统

手动控制系统操作简单、成本低，适用于小型农田或临时性灌溉施肥场景。通过人工操作阀门和开关来控制灌溉和施肥过程。在选型时，需选择质量可靠的阀门（如球阀、蝶阀）和管道连接件，确保系统密封性和耐用性，同时配备必要的压力表、流量计等监测设备，以便操作人员及时了解系统运行状态。

（二）半自动控制系统

半自动控制系统在手动控制基础上增加了部分自动化设备，如电动阀门、定时器等。操作人员可通过设定定时器来控制灌溉和施肥时间，实现定时定量灌溉施肥。适用于对灌溉施肥时间有一定规律要求的农田。选型时需选择与灌溉系统匹配的电动阀门和定时器，确保其控制精度和可靠性，同时考虑系统的扩展性，以便后续升级为更高级的控制系统。

（三）全自动控制系统

全自动控制系统集成了传感器技术、计算机技术和通信技术，能够实时监测土壤湿度、养分含量、气象条件等参数，并根据预设程序自动调节灌溉和施肥量。适用于大型现代化农场和对灌溉施肥精准度要求极高的场景。选型时需选择性能稳定、精度高的传感器（如土壤湿度传感器、酸碱度传感器、电导率传感器等），以及功能强大的控制器和通信模块，确保系统能够实现远程监控和智能决策，同时考虑系统的兼容性和可维护性，便于后期管理和升级。

四、系统参数确定

(一) 灌溉参数

根据作物需水规律、土壤保水能力和气象条件确定灌溉定额（即单位面积的总灌水量）和灌水周期。通过计算作物不同生育时期的日需水量，结合土壤田间持水量和允许消耗水量，确定每次的灌水量。例如，在夏季高温干旱季节，蔬菜作物日需水量较大，可适当缩短灌水周期，增加每次灌水量；而在多雨季节，则需减少灌水量和灌水次数。同时，确定灌溉时间，一般选择在清晨或傍晚进行灌溉，以减少水分蒸发损失。

(二) 施肥参数

依据土壤养分监测结果、作物需肥规律和目标产量确定施肥量和肥料配比。采用测土配方施肥技术，计算出不同生育时期各种肥料（氮、磷、钾及微量元素）的施用量。例如，在小麦拔节期，根据土壤氮含量和小麦需氮量，确定氮肥的施用比例和数量。同时，确定肥料溶液浓度，一般控制在 0.1%~0.5%，避免浓度过高对作物造成烧根等伤害。根据灌溉流量和施肥时间，计算出注肥泵的流量或施肥罐的施肥速度，确保肥料均匀溶入灌溉水中。

(三) 管道参数

根据灌溉系统的流量和压力要求，确定各级管道的管径和长度。遵循经济流速原则（一般支管流速为 1~2 米/秒，毛管流速为 0.5~1 米/秒），通过水力计算确定合适的管径，以减少管道水头损失，保证灌溉均匀性。同时，考虑管道的材质和耐压等级，常用的管道材质有 PVC、PE 等，根据系统工作压力选择相应耐压等级的管道，确保管道系统安全可靠运行。此外，合理布局管道走向，尽量减少弯头和三通等管件数量，降低局部水头损失，提高系统效率。

第三节 系统设计流程

一、需求分析与目标设定

在完成农田基本情况评估和系统选型后,需再次明确用户需求,结合农田种植作物类型、种植规模、管理模式等,确定系统设计目标。例如,对于以高附加值蔬菜种植为主的温室大棚,目标可设定为实现精准灌溉与施肥,将水分利用率提高至90%以上,肥料利用率提升至30%;而对于大型粮食种植区,目标则侧重于规模化、自动化管理,降低人工成本,保障作物全生育期水肥均衡供应。同时,需考虑系统的长期扩展性,预留后期升级接口。

二、方案初步设计

根据系统选型结果和目标,进行系统总体布局设计。绘制平面布置图,规划水源工程、首部枢纽(包含水泵、过滤器、施肥设备、控制器等)、各级管道(干管、支管、毛管)以及田间灌水器(滴头、喷头等)的位置。例如,首部枢纽应尽量靠近水源且地势较高处,便于取水和减少水头损失;干管沿农田主道路或地垄铺设,支管和毛管根据作物种植行向和间距合理分布。同时,确定管道走向和管径,通过水力计算软件或公式,初步确定各级管道的流量、流速和压力分布,保障系统运行的均匀性。

三、方案优化与论证

对初步设计方案进行技术和经济两方面的优化与论证。技术上,邀请农业水利、自动化控制等领域专家,评估系统在不同工况下的运行稳定性、灌溉施肥精度、设备兼容性等;利用计算机模拟软件对系统进行仿真,模拟不同天气、土壤条件下的水肥分布情况,调整管道布局、灌水器间距等参数。经济上,核算设备采购、安装施工、后期维护等成本,对比不同方案的投资回报率,选择性价比最优的方案。例如,通过优化管道管径,在满足灌溉需求的前提下降低管材成本;或采用性价比高的传感器组合,在实现关键参数监测功能的同时控制成本。

四、施工图设计与施工指导

完成方案优化后,进行详细的施工图设设计,包括各部件的规格型号、安装尺寸、连接方式等。绘制系统剖面图、管道节点大样图等,为施工提供准确依据。例如,明确首部枢纽各设备的安装顺序和连接要求,标注管道埋深(一般干管埋深 0.8~1.2 米,支管 0.6~0.8 米)和坡度要求。在施工过程中,安排专业技术人员进行现场指导,确保施工质量符合设计要求,及时解决施工中遇到的问题,如地形变化导致的管道铺设调整、设备安装误差等。

第四章 水肥一体化智能技术的安装与调试

第一节 设备安装步骤与规范

一、首部枢纽设备安装

（一）水泵安装

1. 基础施工

水泵安装前需进行混凝土基础施工，基础尺寸应根据水泵型号确定，一般基础平面尺寸比水泵底座四周宽10~15厘米，厚度不小于30厘米。基础表面需平整，水平误差不超过0.1%，采用水平仪进行测量校准。基础内预埋地脚螺栓，螺栓顶部应高出基础表面5~10厘米，用于固定水泵底座。

2. 水泵吊装

使用起重机或手动葫芦将水泵吊装至基础上，确保水泵中心与基础预留孔中心对齐。安装过程中需注意保护水泵进出口法兰面，避免碰撞损伤。

3. 联轴器连接

将水泵与电机通过联轴器连接，使用百分表检测联轴器的同轴度，径向圆跳动误差应控制在0.05毫米以内，端面间隙误差不超过0.3毫米。若误差超出范围，需通过增减电机底座垫片进行调整。

4. 管路连接

水泵进出口与管路连接时，应安装可曲挠橡胶接头，以减少振动和噪声传递。管路安装顺序为从水泵出口开始，依次安装止回阀、闸阀（或蝶阀），阀门安装应便于操作和维护。管路与水泵连接完成后，需进行支撑固定，避免管路重量对水泵产生额外应力。

(二) 过滤器安装

1. 安装顺序

根据水源水质情况，过滤器通常采用多级组合方式。一般安装顺序为离心过滤器（或旋流除砂器）、砂石过滤器、网式过滤器（或叠片过滤器）。离心过滤器安装时，其进水口应高于出水口，保证泥沙等杂质能够顺利沉降排出；砂石过滤器安装前需检查滤料装填情况，滤料高度应达到过滤器罐体高度的 2/3，且滤料粒径符合设计要求；网式过滤器或叠片过滤器安装时，需注意水流方向标识，确保水流从进口端流向出口端。

2. 固定与连接

过滤器应安装在稳固的支架上，支架高度应便于操作和维护，一般距地面 1.0~1.2 米。过滤器进出口与管道连接采用法兰连接方式，连接前需在法兰密封面涂抹密封胶，确保连接紧密，无渗漏现象。过滤器底部应安装排污阀，排污管道应引至指定位置，便于定期排污。

3. 反冲洗装置安装

砂石过滤器和网式过滤器需安装反冲洗装置，反冲洗水泵的流量和扬程应满足过滤器反冲洗要求。反冲洗管道与过滤器进出口管道通过三通和阀门连接，安装时要保证反冲洗水流方向正确，阀门操作灵活可靠。

(三) 施肥设备安装

1. 压差式施肥罐安装

施肥罐应安装在过滤器之前的主管路上，安装位置应便于操作和观察。施肥罐罐体应水平安装,罐体底部采用混凝土基础或支架支撑稳固。施肥罐进出口与管道连接采用法兰或快速接头方式,连接时需安装控制阀,用于控制施肥罐的进水和施肥过程。施肥罐顶部应安装压力表和排气阀,压力表用于监测罐内压力,排气阀用于排除罐内空气。

2. 文丘里施肥器安装

文丘里施肥器应安装在主管路的直管段上,安装位置应靠近水源且便于观察。文丘里施肥器的喉管直径应与主管路管径相匹配,安装时需保证水流方向正确,不得反向安装。施肥器的吸肥管应连接至肥料溶液箱,吸肥管长度不宜过长,一般不超过3米,且吸肥管上应安装过滤器,防止杂质堵塞吸肥口。

3. 注肥泵安装

注肥泵可安装在室内或室外专用泵房内,安装环境应干燥、通风良好,避免阳光直射和雨淋。注肥泵基础应平整牢固,泵体安装应水平,误差不超过 0.5%。注肥泵进出口与管道连接采用耐腐蚀的软管或硬管,连接时需安装止回阀和控制阀,防止肥料溶液倒流。注肥泵的控制信号线应连接至控制系统,连接时需注意正负极和信号接口的匹配。

二、管道系统安装

(一) 管道铺设准备

1. 沟槽开挖

根据设计要求进行管道沟槽开挖,沟槽深度应满足管道埋深要求,一般干管埋深不小于 0.8 米,支管埋深不小于 0.6 米。沟槽底部应平整,坡度符合设计要求,偏差不超过 ±2%。沟槽宽度应根据管道管径和施工操作空间确定,一般比管道外径宽 30~50 厘米。

2. 管道清理

管道安装前需进行清理,去除管道内部的杂物、油污和毛刺。对于 PVC 管道，可用干净的抹布擦拭内壁；对于 PE 管道，可用专用的管道清洁工具进行清理。清理后的管道应放置在干净的场地，避免再次污染。

3. 管件准备

根据设计要求准备各种管件，包括弯头、三通、直接头、变径头等。管件的材质和规格应与管道相匹配，管件表面应光滑、无裂纹和砂眼。安装前需对管件进行检查，确保其质量合格。

（二）PVC 管道安装

1. 管道切割

使用专用的 PVC 管道切割机或钢锯进行管道切割，切割面应平整、垂直于管道轴线，误差不超过 1°。切割后的管道端口应进行倒角处理，倒角角度为 15°~30°，以方便管道连接。

2. 黏接连接

管道黏接前，需用砂纸或锉刀将管道和管件的连接部位打毛，增加黏接面积。然后在管道和管件的黏接面上均匀涂抹 PVC 专用胶水，涂抹厚度应控制在 0.2~0.3 毫米。将管道迅速插入管件内，插入深度应达到标记位置，插入后保持 1~2 分钟，使胶水充分固化。

3. 管道固定

在管道安装过程中，每隔 1.0~1.5 米应设置一个固定支架，固定支架可采用 U 型管卡或混凝土支墩。在管道转弯、三通、变径头等部位，应加密固定支架，确保管道稳定。固定支架安装应牢固，不得松动。

（三）PE 管道安装

1. 热熔连接

热熔连接前，需使用专用的热熔焊机进行焊接参数设置，焊接参数包括焊接温度、加热时间、冷却时间等，不同管径的管道焊接参数不同。将管道和管件的连接部位用干净的抹布擦拭干净，然后分别将管道和管件插入热熔焊机的加热模具中，加热至规定温度后迅速取出，将管道插入管件内，保持一定的压力直至冷却。冷却时间应根据管径确定，一般管径越大，冷却时间越长。

2. 电熔连接

电熔连接适用于较小管径的 PE 管道连接。连接前，需检查电熔管件内表面和管道外表面是否干净，如有杂物需清理干净。将管道插入电熔管件内至标记位置，然后将电熔焊机的输出端与电熔管件的电极连接，按照规定的焊接参数进行焊接。焊接完成后，需等待管件完全冷却后再进行下一道工序。

3. 管道穿越处理

当管道需要穿越道路、建筑物等障碍物时，应设置套管保护。套管管径应比管道管径大 1~2 号，套管材质可采用钢管或 PVC 管。管道与套管之间应填充防火、防水、密封材料，确保管道安全运行。

三、田间灌水器安装

（一）滴灌系统安装

1. 滴灌带铺设

滴灌带应沿作物种植行铺设，铺设时应保持滴灌带平整，不得扭曲、打折。滴灌带的铺设长度应根据系统设计流量和滴头流量确定，一般不宜超过 100 米。滴灌带与支管连接采用旁通或直接头连接方式，连接时需将滴灌带插入连接管件内至标记位置，然后用专用的锁母或卡箍固定。

2. 滴头安装

对于采用滴头的滴灌系统，滴头应安装在毛管上，安装间距根据作物种植密度和需水特性确定。滴头安装时，需使用专用的打孔器在毛管上打孔，孔径应与滴头插头直径相匹配。将滴头插入孔内，确保连接紧密，无漏水现象。

3. 压力补偿滴头安装

压力补偿滴头安装方法与普通滴头基本相同，但在安装过程中需注意区分滴头的水流方向。压力补偿滴头应安装在毛管的末端，确保在不同压力条件下滴头流量保持稳定。安装完成后，需对压力补偿滴头进行调试，检查其压力补偿性能是否符合要求。

（二）喷灌系统安装

1. 喷头安装

喷头应安装在竖管上，竖管高度一般为 0.5~1.0 米，具体高度根据作物高度和喷灌要求确定。喷头安装时，需使用专用的扳手拧紧喷头螺母，确保喷头安装牢固，不松动。喷头的安装角度应符合设计要求，一般为垂直向下或根据实际情况调整为一定角度。

2. 支管安装

支管应垂直于干管铺设，支管间距根据喷头射程和喷灌均匀度要求确定，一般为喷头射程的 0.8~1.2 倍。支管与干管连接采用三通或四通管件，连接时需保证连接紧密，无漏水现象。在支管安装过程中，每隔一定距离应设置固定支架，防止支管晃动。

3. 喷头组合布置

喷头组合布置应根据作物种植方式、地形条件和喷灌要求进行合理设计。常用的喷头组合方式有正方形、正三角形和矩形布置。在布置喷头时，应保证相邻喷头的喷洒范围有一定的重叠，重叠度一般为 30%~50%，以确保喷灌均匀度。

（三）微喷灌系统安装

1. 微喷头安装

微喷头应安装在毛管上，安装间距根据微喷头的喷洒半径和作物种植密度确定，一般为 1~3 米。微喷头安装时，需使用专用的连接件将微喷头与毛管连接,连接方式可采用插入式或螺纹式。安装完成后,需检查微喷头的喷洒角度和喷洒范围是否符合设计要求。

2. 毛管铺设

毛管应沿作物种植行铺设,铺设方法与滴灌带铺设类似。毛管的铺设长度应根据系统设计流量和微喷头流量确定,一般不宜过长,以保证微喷头的工作压力稳定。毛管与支管连接采用旁通或直接头连接方式,连接时需确保连接牢固,无漏水现象。

3. 防滴器安装

为防止微喷灌系统在停止灌溉时产生滴漏现象,需在毛管的末端安装防滴器。防滴器的安装应按照产品说明书进行,确保其能够有效防止滴漏,同时不影响微喷灌系统的正常运行。

四、辅助设备与安全设施安装

(一)排气阀与泄水阀安装

1. 排气阀安装

排气阀应安装在管道系统的最高点,一般每隔500~1 000米设置1个。排气阀安装时,应垂直向上安装,确保排气顺畅。排气阀进出口与管道连接采用法兰或螺纹连接方式,连接时需安装控制阀,便于排气阀的维护和检修。

2. 泄水阀安装

泄水阀应安装在管道系统的最低点,一般在干管末端、支管末端和地形低洼处设置。泄水阀安装时,应保证其排水口低于地面,便于排水。泄水阀进出口与管道连接采用法兰或螺纹连接方式,连接时需安装控制阀,控制泄水过程。

(二)压力表与流量计安装

1. 压力表安装

压力表应安装在首部枢纽、干管和支管的关键位置,用于监测管道系统的压力变化。压力表安装时，应垂直安装在管道上，安装位置应便于观察和读数。压力表与管道连接采用螺纹连接方式，连接时需在压力表前安装控制阀，便于压力表的更换和检修。

2. 流量计安装

流量计应安装在首部枢纽的主管路上，用于计量灌溉用水量。流量计安装时，应保证其前后有足够的直管段长度，一般前直管段长度不小于10倍管径，后直管段长度不小于5倍管径。流量计与管道连接采用法兰连接方式，连接时需确保密封良好，无渗漏现象。

（三）安全防护设施安装

1. 防护围栏安装

对于首部枢纽、泵房等重要设备区域，应设置防护围栏，防护围栏高度不低于1.2米，围栏材料可采用钢材或塑钢。防护围栏应安装牢固，不得有松动现象，围栏门应设置锁具，防止无关人员进入。

2. 警示标识安装

在管道穿越道路、河流等位置，以及首部枢纽、泵房等区域，应设置明显的警示标识，警示标识内容包括管道走向、设备名称、安全注意事项等。警示标识应安装在醒目位置，便于识别。

第二节 智能控制系统的安装与配置

一、硬件设备安装

（一）传感器安装

1. 土壤湿度传感器

安装前需根据作物根系分布深度确定埋设位置，一般选择0~20厘米、20~40厘米分层埋设。传感器安装时，先在土壤中垂直钻孔，孔径略大于传感器直径，将传感器缓慢插入孔内，确保传感器与土壤紧密接触,避免空隙影响监测精度。安装后用土回填压实,并做好标记,防止后续农事操作损坏。同时,传感器的信号线需穿管保护,沿地埋管道引至控制器,信号线长度根据实际距离确定,避免过长导致信号衰减。

2. 土壤养分传感器

此类传感器通常采用插入式或埋设式安装。对于插入式传感器,需根据土壤类型和监测深度要求,将传感器探针插入土壤中合适位置,确保探针与土壤充分接触;埋设式传感器则需提前规划好埋设点,按照设计深度和方向进行埋设,埋设后需对传感器进行校准,通过标准溶液或已知养分含量的土壤样本进行比对调试,保证监测数据准确。传感器的通信线采用屏蔽线,减少电磁干扰,并连接至数据采集模块。

3. 气象站传感器

气象站一般安装在农田空旷区域,避免建筑物、树木等遮挡。风速风向传感器需安装在高于地面 3~5 米的支架上,确保传感器能够准确监测自然风速和风向;光照强度、温湿度传感器安装高度一般为 1.5~2.0 米,保证测量数据符合作物生长环境。所有气象站传感器通过防水接头与数据线连接,数据线集中接入气象站数据采集器,采集器再通过有线或无线方式与主控制器通信。

(二) 控制器安装

1. 控制柜安装

控制柜应安装在干燥、通风、无腐蚀性气体的室内环境,如泵房或专用控制室内。控制柜基础需稳固,水平误差不超过 0.5%,可采用混凝土基础或金属支架固定。控制柜安装位置应便于操作和维护,正面操作空间不小于 1.5 米,背面和侧面需预留 0.8 米以上的检修空间。

2. 内部模块连接

在控制柜内,依次安装电源模块、数据采集模块、控制模块、通信模块等。各模块安装需严格按照说明书操作，确保安装牢固，接线正确。电源模块为整个系统提供稳定电力，需连接符合要求的电源线，并安装漏电保护装置；数据采集模块负责接收传感器信号，通过相应接口与传感器数据线连接；控制模块根据预设程序控制执行机构，需与电动阀门、注肥泵等设备的控制线连接；通信模块用于实现远程数据传输，根据通信方式（如4G/5G、以太网）连接相应的天线或网线。

（三）执行机构安装

1. 电动阀门安装

电动阀门安装在灌溉管道上，安装位置应便于操作和维护，且保证阀门前后有足够的直管段，一般前直管段长度不小于5倍管径，后直管段长度不小于3倍管径。阀门与管道采用法兰或螺纹连接，连接时需注意密封，防止漏水。电动阀门的控制线连接至控制器的控制输出端，连接前需检查控制线的正负极和信号接口是否匹配，确保阀门能够准确接收控制器指令。

2. 注肥泵控制连接

注肥泵的控制信号线与控制器的控制模块连接，实现远程控制注肥泵的启停和流量调节。连接时需根据注肥泵的控制方式（如模拟量控制、脉冲控制）选择合适的接线端子，并设置正确的控制参数。同时，为确保注肥泵安全运行，需在其电路中安装过载保护装置，防止电机过载损坏。

二、软件系统配置

（一）控制软件安装

1. 操作系统选择

根据控制器硬件配置和系统功能需求，选择合适的操作系统。对于功能相对简单的小型控制系统，可选用嵌入式Linux系统，其占用资源少、稳定性高；对于大型复杂系统，可采用Windows或Linux服务器版操作系统，便于软件的开发和管理。操作系统安装需按照标准流程进行，安装完成后需进行系统更新和安全设置，如安装防火墙、杀毒软件等。

2. 控制软件部署

将水肥一体化智能控制软件安装在控制器或服务器上。安装前需确认软件版本与操作系统兼容，按照安装向导逐步操作。软件安装完成后，需进行初始化设置，包括系统时间、单位设置、通信参数等。同时，对软件进行授权激活，确保软件正常使用。

(二) 参数设置

1. 传感器参数配置

在控制软件中，对各类传感器进行参数设置，包括传感器类型选择、量程范围设定、采样频率调整等。例如，土壤湿度传感器的量程范围一般为0~100%，可根据实际情况调整；采样频率可设置为每10分钟1次，以实时获取土壤湿度变化数据。同时，需对传感器进行校准参数设置，将传感器监测数据与实际测量数据进行比对修正，提高数据准确性。

2. 灌溉施肥参数设置

根据作物需水需肥规律、土壤条件和气象数据，在控制软件中设置灌溉施肥参数，包括灌溉启动阈值（如土壤相对湿度低于60%时启动灌溉）、灌溉时长、施肥浓度、施肥时间等。这些参数可根据作物不同生长阶段进行动态调整，例如在作物生长旺盛期，适当增加灌溉量和施肥浓度；在成熟期，减少灌溉量，提高钾肥比例。

3. 控制逻辑设置

通过控制软件编写灌溉施肥控制逻辑程序。可采用定时控制、阈值控制或两者结合的方式。定时控制可设置每天或每周的灌溉施肥时间；阈值控制则根据传感器实时监测数据，当土壤湿度、养分含量等指标达到设定阈值时，自动启动或停止灌溉施肥。同时，可设置优先级逻辑，如在降雨天气自动暂停灌溉，避免水资源浪费。

(三) 通信协议配置

1. 有线通信配置

若采用以太网等有线通信方式，需在控制器和服务器上进行网络参数配置，包括 IP 地址、子网掩码、网关等。确保控制器与服务器之间网络连接正常，可通过 ping 命令测试网络连通性。同时，在控制软件中设置通信端口和通信协议（如 TCP/IP 协议），保证数据能够稳定传输。

2. 无线通信配置

对于 4G/5G 或 LoRa 等无线通信方式，需安装相应的通信模块，并进行参数配置。包括 SIM 卡安装 (4G/5G)、网络频段选择、通信密钥设置等。在控制软件中配置无线通信参数，如服务器地址、端口号、通信协议等，确保控制器能够通过无线网络与远程监控平台进行数据交互。同时，为保证数据传输安全，可采用加密通信协议，防止数据泄露。

第三节　系统整体调试与优化

一、系统调试

(一) 水源与首部枢纽调试

1. 水泵运行调试

启动水泵前，先检查水泵进出口阀门状态，确保进口阀门全开，出口阀门关闭。启动水泵后，观察水泵运行声音是否正常，有无异常振动。使用压力表监测水泵出口压力，逐步开启出口阀门，调节水泵流量，使其达到设计工作点。记录水泵运行参数，如流量、扬程、电流、电压等，确保水泵运行稳定且符合设计要求。

2. 过滤系统调试

开启过滤器进水阀门，缓慢调节流量，使过滤器逐渐充满水，排除内部空气。检查过滤器各部件连接处是否漏水，观察压力表读数变化，判断过滤器是否堵塞。按照设计要求进行反冲洗操作，测试反冲洗系统的工作性能，确保反冲洗能够有效清除过滤器内的杂质。

3. 施肥设备调试

对于压差式施肥罐，向罐内注入一定量的清水，关闭施肥罐出口阀门，开启进水阀门，观察罐内压力变化，调节进水流量，使施肥罐达到合适的工作压力。打开施肥罐出口阀门，检查肥料溶液的输出情况，确保施肥均匀。对于注肥泵，通过控制软件设置不同的流量参数，测试注肥泵的流量调节精度，检查注肥泵运行是否平稳，有无泄漏现象。

(二) 管道系统调试

1. 水压测试

关闭所有田间灌水器的阀门，对管道系统进行水压测试。缓慢升压至设计工作压力的1.5倍，保持压力10~15分钟，检查管道连接处、阀门、管件等部位是否有渗漏现象。如有渗漏，及时标记并进行修复，修复后重新进行水压测试，直至系统无渗漏。测试完成后，缓慢降压，排尽管道内的积水。

2. 水流均匀性调试

开启田间灌水器，调节首部枢纽的阀门，使系统达到正常工作压力。观察各灌水器的出水情况，检查水流是否均匀。对于滴灌系统，可使用量筒测量不同位置滴头的流量，计算灌溉均匀度，若均匀度不达标，需调整管道布局、滴头间距或更换滴头型号。对于喷灌系统，观察喷头的喷洒范围和雾化效果，调整喷头角度和工作压力，确保喷灌均匀度符合要求。

（三）智能控制系统调试

1. 传感器数据采集调试

检查传感器与控制器的连接是否正常，在控制软件中查看传感器实时数据是否准确、稳定。对土壤湿度传感器、土壤养分传感器等进行现场校准，通过对比实际测量值与传感器监测值，调整传感器的校准参数，提高数据准确性。模拟不同的环境条件，如改变土壤湿度、光照强度等，观察传感器数据的变化是否与实际情况相符。

2. 控制逻辑验证

按照预设的控制逻辑，进行灌溉施肥模拟测试。设置不同的土壤湿度阈值、时间参数等，检查系统是否能够根据传感器数据和控制程序自动启动和停止灌溉施肥。例如，当土壤湿度低于设定下限值时，系统应自动启动灌溉；当土壤湿度达到设定上限值时，自动停止灌溉。同时，验证施肥浓度、施肥时间等参数的准确性，确保系统能够按照预定方案进行精准施肥。

3. 远程监控与控制调试

通过手机 App 或远程监控平台，测试对系统的远程监控和控制功能。检查是否能够实时查看系统运行状态、传感器数据、设备工作情况等信息。尝试远程发送控制指令，如开启或关闭电动阀门、调整注肥泵流量等，观察系统是否能够及时响应并执行指令，确保远程监控与控制系统的稳定性和可靠性。

二、系统综合优化

(一) 灌溉施肥参数优化

1. 数据统计与分析

收集系统运行初期的传感器数据、灌溉施肥记录等信息,运用数据分析软件对数据进行处理。分析不同作物在不同生长阶段的需水需肥规律,结合土壤墒情、气象条件等因素,评估现有灌溉施肥参数的合理性。

2. 参数调整

根据数据分析结果,对灌溉施肥参数进行优化调整。例如,对于土壤保水能力较差的区域,适当增加灌溉频率,减少每次灌溉量;在作物生长旺盛期,提高施肥浓度和施肥量。通过多次试验和调整,确定最佳的灌溉施肥参数组合,提高水肥利用效率。

3. 动态调控

建立灌溉施肥参数的动态调整机制,根据季节变化、作物生长进程、天气状况等因素,实时调整灌溉施肥方案。利用智能控制系统的自动监测和反馈功能,实现灌溉施肥的精准化、智能化管理。

(二) 系统能耗优化

1. 水泵运行优化

分析水泵的运行效率,通过调整水泵转速、更换合适的叶轮等方式,使水泵在高效区运行。采用变频调速技术,根据系统实际需水量自动调节水泵转速,降低能耗。同时,合理安排水泵的运行时间,避开用电高峰时段,降低用电成本。

2. 管道布局优化

对管道系统进行水力计算,检查是否存在不必要的弯头、三通等管件,减少局部水头损失。优化管道管径,在满足灌溉需求的前提下,选择经济合理的管径,降低管道沿程水头损失。通过优化管道布局,提高系统的输水效率,减少能耗。

3. 设备选型优化

评估现有设备的能耗性能,对于能耗较高的设备,如老旧的水泵、电机等,考虑更换为节能型设备。选择高效节能的过滤器、施肥设备等,降低设备运行过程中的能耗。

(三)系统稳定性优化

1. 冗余设计与备份

对于关键设备和系统部件,如控制器、通信模块等,采用冗余设计,配备备用设备。当主设备出现故障时,备用设备能够自动切换,保证系统的正常运行。同时,定期对系统数据进行备份,确保数据安全,防止数据丢失导致的系统无法正常运行。

2. 故障预警与诊断

完善智能控制系统的故障预警功能,设置合理的故障阈值。当传感器数据异常、设备运行参数超出范围时,系统能够及时发出报警信号,并通过短信、邮件等方式通知相关人员。开发故障诊断功能,根据故障现象自动分析可能的故障原因,提供故障排除建议,提高系统的故障处理效率。

3. 定期维护与保养

制订系统定期维护计划,对设备进行清洁、润滑、紧固等保养工作。定期检查管道连接是否牢固,阀门开关是否灵活,传感器是否正常工作等。及时更换磨损的部件,确保设备始终处于良好的运行状态,提高系统的稳定性和可靠性。

第五章 水肥一体化中的灌溉施肥制度

第一节 水肥一体化中的灌溉制度

一、水分监测

(一) 土壤水分监测

作物正常生长要求土壤中水分状况处于适宜范围。土壤过干或者过湿均不利于根系的生长。当进行灌溉作业时，需要灌多少水，什么时候开始灌溉，什么时候灌溉结束，土壤需要湿润到什么深度等，是进行科学合理灌溉的主要问题，需要通过水分监测来进行。土壤水分监测的工具及使用方法具体如下。

1. 张力计

张力计可用于监测土壤水分状况并指导灌溉，是目前在田间应用较广泛的水分监测设备。张力计测定的是土壤的基质势而非土壤的含水量，进而了解土壤水分状况。

(1) 张力计的构造

张力计主要构成如下（图5-1）。一是陶瓷头，上面密布微小孔隙，水分子及离子可以进入，通过陶瓷头上的微孔土壤水与张力计储水管中的水分进行交换。二是储水管，一般由透明的有机玻璃制造。根据张力计在土壤中的埋深，储水管长度从

15厘米到100厘米不等。三是压力表,安装于储水管顶部或侧边,刻度通常为0~100千帕。

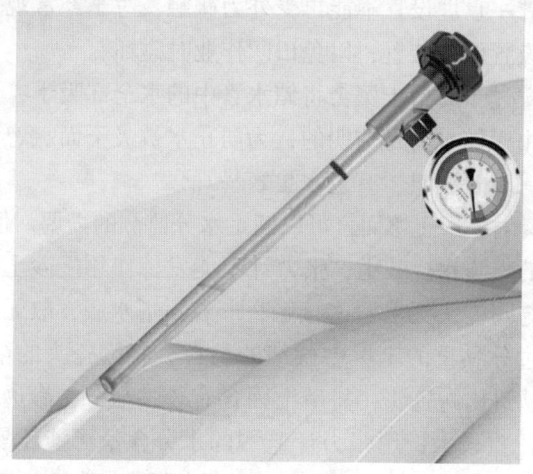

图 5-1 张力计

(2) 张力计的使用方法

第一步,按照说明书连接好各个配件,特别是各连接口的密封圈一定要放正,保证不漏气、不漏水。所有连接口勿旋太紧,以防接口处开裂。

第二步,选择土壤质地有代表性且较均匀的地面埋设张力计,用比张力计管径略大的土钻先在选定的点位钻孔,钻孔深度依张力计埋设深度而定。

第三步,将张力计储水管内装满水,旋紧盖子,加水时要慢,若出现气泡,必须将气泡驱除。为加水方便,建议用注射针筒或带尖出水口的洗瓶加水。

第四步,用现场土壤与水和成稀泥,填塞刚钻好的孔隙,将张力计垂直插入孔中,上下提张力计数次,直到陶瓷头与稀泥密切接触。张力计的陶瓷头必须和土壤密切接触,否则张力计不起作用。

第五步,待张力计内水分与土壤水分状况达到平衡后即可读数。张力计一旦埋设,不能再受外力碰触,对于经常观察的张力计,应该设置保护装置,以免田间作业时碰坏。

当土壤过干时,土壤会将储水管中的水全部吸干,使管内进入空气。由于储水管是透明的,为防止水被吸干而疏忽观察,加水时可加入少量染料,有色水更容易观察。

张力计对一般土壤而言可以满足水分监测的需要。但对砂土、过分黏重的土壤和盐碱土,张力计不能发挥作用。砂土因孔隙太大,土壤与陶瓷头无法紧密接触,形成不了水膜,故无法显示真实数值;过分黏重的土壤中微细的黏粒会将陶瓷头的微孔堵塞,使水分无法进出陶瓷头;盐碱土因含有较多盐分,渗透势在总水势中占的比重较大,用张力计监测的水分含量可能比实际要低。当土壤中渗透势绝对值大于2万帕时,必须考虑渗透势的影响。

2. 时域反射仪(TDR)

TDR基于水分子的导电性和极性,以及相对较高的绝缘灵敏度,该绝缘灵敏度可反映电磁能的吸收容量。设备由两根平行金属棒构成,棒长为几十厘米,可插在土壤里。金属棒连有一个微波能脉冲产生器,示波器可记录电压的振幅,并传递在土壤介质中不同深度的两根棒之间的能量的瞬时变化。由于土壤介电常数的变化取决于土壤含水量,因此通过输出电压和水分的关系则可计算出土壤含水量。

TDR的优点是精确度高、测量快速、操作简单、可在线连续监测、不破坏土壤结构。TDR的缺点是受土壤质地、容重以及温度的影响显著,使用前需要进行标定;受土壤孔隙影响明显;土壤湿度过大时,测量结果偏差较大;稳定性稍差;电路复杂,价格昂贵。

3. 频域反射法（FDR）

FDR 是自动测量土壤水分最主要的方法。FDR 利用电磁脉冲原理，根据电磁波在介质中传播的频率来测量土壤的表观介电常数，从而计算出土壤体积含水量。

FDR 无论是从成本上还是从技术上的实现难度上都较 TDR 低，在电极的几何形态设计和工作频率的选取上有更大的自由度，而且它能够测量土壤颗粒中的束缚水含量。大多数 FDR 在低频（≤100 兆赫兹）工作，能够测定被土壤细颗粒束缚的水，这些水不能被工作频率超过 250 兆赫兹的 TDR 测定。FDR 不需要严格的校准，操作简单，不受土壤容重、温度的影响，探头可与传统的数据采集器相连，从而实现自动连续监测。

4. 中子探测器

中子探测器的原理：中子从一个高能量的中子源发射到土壤中，中子与氢原子碰撞后，动能减少，速度变小，这些速度较小的中子可以被检测器检测到。土壤中的大多数氢原子都存在于水分中，所以检测到的中子数量可转化为土壤水分含量。转化时，因土壤体积会随水分含量变化，所以也必须考虑土壤容积。在相对干燥的土壤里，散射的面积比潮湿的广。测量的土壤球体的半径范围为几厘米到几十厘米。

5. 土壤湿润前锋探测仪

土壤湿润前锋探测仪一般由 1 个塑料漏斗、1 片不锈钢网（作过滤用）、1 根泡沫浮标组成，安装好后将漏斗埋入根区。当灌溉时，水分在土壤中移动，当湿润锋达到漏斗边缘时，一部分水分随漏斗壁流动进入漏斗下部，充分进水后，此处土壤处于水分饱和状态，自由水分将通过漏斗下部的过滤器进入底部的一个小蓄水管，蓄水管中的水达到一定深度后，产生浮力，将浮标顶起。浮标长度为地面至漏斗基部的距离。用户通过浮标地面露出部分的移动即可了解湿润锋到达的位置,从而做出停止灌溉的决定。当露出地面的浮标慢慢下降时,表明土壤水减少,或湿润锋前移,下降到一定程度即可再灌水。

6. 驻波率（SWR）

驻波原理与 TDR 和 FDR 两种土壤水分测量方法一样,同属于介电测量。SWR 型土壤水分传感器测量的是土壤的体积含水量,理论上 SWR 型土壤水分传感器的静态数学模型是一个二次或三次多项式。对传感器进行标定时,将传感器在标准土样中进行测试,测量其输出电压,可得到一组测量数据,再通过回归分析确定回归系数,即可得到传感器的特性方程。在实际应用中,只要测量不同土壤中的输出电压,根据特性方程便可换算出土壤的实际含水量。

(二) 植物水分监测

灌溉的最终目的是满足作物的水分需求。通常可以从作物形态指标上来观察,如作物生长速率减缓、幼嫩枝叶的凋萎等。形态指标虽然易于观察,但是当作物在形态上表现出受干旱或者缺水症状时,其体内的生理、生化过程早已受到水分亏缺的危害,这些形态症状只不过是生理、生化过程改变的结果。因此,灌溉的生理指标响应更为及时和灵敏。但生理指标测定需要精密仪器,在生产上的应用存在局限性。

1. 叶水势

叶水势是一个灵敏反映作物水分状况的指标。当作物缺水时,叶水势下降。对不同作物,发生干旱危害的叶水势临界值不同。以玉米为例,当叶水势达到-0.80 兆帕时,光合作用开始下降;当叶水势达到-1.2 兆帕时,光合作用完全停止。但叶水分在一天之内变化很大,不同叶片、不同取样时间测定的水势值是有差异的。一般取样时间在 9:00—10:00 为好。

2. 细胞汁液浓度或渗透势

干旱情况下叶片细胞汁液浓度常比正常水分含量的作物高。当作物缺水时,叶片细胞汁液浓度增高,细胞汁液浓度超过一定值,就会阻碍植株生长因此汁液浓度可作为灌溉生理指标。例如,冬小麦功能叶的汁液浓度,拔节到抽穗期以 6.5%~8.0% 为宜,9.0% 以上表示缺水;抽穗后以 10%~11% 为宜,超过 12.5% 时应灌水。测定时需要将叶片捣碎榨汁,在田间可以用便携式电导率仪进行测定。

二、水肥一体化灌溉制度的有关参数

灌溉制度的制定包括确定作物全生育期的灌溉定额、灌溉次数、灌溉的间隔时间、一次灌溉的延续时间和灌水定额等。决定灌溉制度的因素主要包括土壤质地、田间持水量、作物的需水特性、作物根系分布、土壤含水量、微灌设备每小时的出水量、降水情况、温度、设施条件和农业技术措施等。反过来说,灌溉制度中各项参数也是设备选择和灌溉管理的依据。

(一)土壤湿润比

水肥一体化技术中的微灌(微喷灌和滴灌等)与地面大水漫灌在土壤湿润度方面有很大的不同。一般来说,地面大水漫灌是全面的灌溉,水全面覆盖田块,并且渗透到较深的土层中。而微灌条件下,只有部分土壤被湿润,通常用土壤湿润比来表示。

土壤湿润比是指在计划湿润土层深度内,所湿润的土体与灌溉区域总土体的比值。在拟定水肥一体化技术灌溉制度的时候,要根据气候条件、作物需水特性、作物根系分布、土壤理化性状及地面坡度等设计土壤湿润比。确定合理的土壤湿润比,可减少工程投资、提高灌溉效益。一般土壤湿润比用地面以下 20~30 厘米处的平均湿润面积与作物种植面积的百分比近似表示。土壤

湿润比一般在微灌工程设计时已经确定（表5-1），并且是灌溉制度拟定的重要参数之一。

表5-1 微灌土壤湿润比参考值　　　　　　　　　　单位：%

作物	滴管和小管出流	微喷灌
果树	25~30	40~60
葡萄、瓜类	30~50	40~70
蔬菜	60~90	70~100
棉花	60~90	—

注：降水多的地区宜选下限值，降水少的地区宜选上限值。

(二) 计划湿润深度

不同作物的根系特点不同，有深根性作物，有浅根性作物。同一种作物的根系在不同的生长发育时期，在土壤中的分布深度也不同，灌溉的目的是促进作物根系对水分的吸收利用，进而促进作物生长。从节约用水的角度讲，应尽可能使灌溉水分布在作物根系层，减少深层的渗漏损失。因此，制定灌溉制度时应考虑灌溉水在土壤中的湿润深度，根据作物的根系特点来计划灌溉的湿润深度。根据各地的经验，一般粮食作物和经济作物适宜的土壤湿润深度为0.2~0.4米。

(三) 灌溉上限

田间持水量是指土壤中毛管悬着水达到最大时的土壤含水量，又称最大持水量。当降水量或灌溉水量超过田间持水量时，它们只能加深土壤湿润深度，而不能再增加土壤含水量，因此田间持水量是土壤中有效含水量的上限值，也是灌溉后计划作物根系分布层的平均土壤含水量。由于微灌灌溉保证率高、操作方便，灌溉设计上限一般采用田间持水量的85%~95%。

(四) 灌溉下限

土壤中的水分并不能全部能被植物的根系吸收利用，能够被根系吸收利用的土壤含水量才是有效的，被称为有效含水量。当土壤中的水由于作物蒸腾和棵间土壤蒸发消耗减少到一定程度时，水的连续状态发生断裂，此时作物虽然还能从土壤中吸收水分，但因补给量不足，不能满足作物生长需求，导致生长受到阻滞，此时的土壤含水量为作物生长阻滞含水量，也就是灌溉前计划作物根系分布层的平均土壤含水量，是灌溉下限设计的重要依据。对大多数作物来说，当土壤含水量下降到土壤田间持水量的55%~65%时作物生长就会受到阻滞，因此可作为灌溉下限的指标依据。

（五）灌溉水利用系数

灌溉水利用系数是指一定时期内田间所需消耗净水量与渠（管）首进水总量的比值，通常用 η 表示。公式为：

$$\eta = \frac{w_{净}}{w_{供}} \qquad (5-1)$$

式中，η 为灌溉水利用系数；$w_{净}$ 为田间消耗净水量；$w_{供}$ 为渠（管）首进水总量。

灌溉水利用系数是表示灌溉水输送状况的一个指标，它反映全灌区各级渠（管）道输水损失和田间可用水状况。不同质量的渠（管）系统，灌溉水利用系数不同。渠道衬砌后可减少水流的下渗损失，提高输水质量，灌溉水利用系数可以提高30%以上；利用管道输水，灌溉水利用系数可以达到90%以上。

三、水肥一体化灌溉制度的制定

水肥一体化灌溉制度的制定包括收集资料、确定灌溉定额、灌溉时间间隔、一次灌溉延续时间和灌溉次数等。

（一）收集资料

首先要收集当地气象资料，包括常年降水量、降水月分布、气温变化、有效积温；其次要收集主要作物种植资料，包括播种期、需水特性、需水关键期及根系发育特点、种植密度、常年产量水平等；最后要收集土壤资料，包括土壤质地、田间持水量等。

(二) 确定灌溉定额

灌溉的目的是弥补降水量的不足，因此从理论上讲，灌溉定额是作物全生育期的需水量与降水量的差值。表示为：

$$W_{总} = P_w - R_w \qquad (5-2)$$

式中，$W_{总}$ 为灌溉定额，毫米或米³；P_w 为作物全生育期需水量，毫米或米³；R_w 为作物全生育期内的常年降水量，毫米或米³。

确定日光温室的灌溉定额时主要考虑作物全生育期的需水量，因为 R_w 为零。作物全生育期需水量 P_w 则可以通过作物日耗水强度进行计算：

$$P_w = (作物日耗水强度 \times 生育期天数) / \eta \qquad (5-3)$$

式中，η 为灌溉水利用系数，在微灌条件下一般选取 0.90~0.95。

灌溉定额是总体上的灌水量控制指标，但在实际生产中，降水量不仅在数量上要满足作物生长发育的需求，还需要在时间上与作物需水关键期吻合，这样才能充分利用自然降水。因此，还需要根据灌溉次数和每次灌水量，对灌溉定额进行调整。

(三) 确定灌水定额

灌水定额是指一次单位面积上的灌水量，通常以米³/亩或毫米表示，由于作物的需水量大于降水量，每次灌水量都是在弥补降水的不足。每次灌水量又因作物生长发育阶段的需水特性和土壤现时含水量的不同而不同，因此，每个作物生育阶段的灌水定额都需要计算确定。

灌水定额主要依据土壤的水存储能力，一般土壤存储水量的能力顺序为黏土＞壤土＞砂土。以每次灌水达到田间持水量的

90%计算,黏土的灌水定额最大,其次是壤土、砂土。灌水定额计算时需要土壤湿润比、计划湿润深度、土壤容重、灌溉上限与灌溉下限的差值和灌溉水利用系数等参数。

灌水定额的计算公式为:

$$W = 0.1phr(\theta_{max} - \theta_{min})\eta \quad (5-4)$$

式中,W 为灌水定额,毫米;p 为土壤湿润比,%;h 为计划湿润层深度,米;r 为土壤容重,克/厘米³;θ_{max} 为灌溉上限,以占田间持水量的百分数表示,%;θ_{min} 为灌溉下限,%;η 为灌溉水利用系数,在微灌条件下一般选取 0.90~0.95。

(四)确定灌溉时间间隔

微灌条件下每次的灌水定额要比地面大水漫灌量少得多,当上一次的灌水量被作物消耗之后,就需要又一次灌溉了。因此,灌溉之间的时间间隔取决于上一次的灌水定额和作物耗水强度。当作物确定之后,在不同质地的土壤上要想获得相同的产量,总的耗水量相差不会太大,所以灌溉频率应该是砂土最大,壤土次之,黏土最小;灌溉时间间隔是黏土最大,壤土次之,砂土最小。

灌溉时间间隔(灌溉周期)可采用以下公式计算:

$$T = \frac{W}{E} \times \eta \quad (5-5)$$

式中,T 为灌溉时间间隔,天;W 为灌水定额,毫米;E 为作物需水强度或耗水强度,毫米/天(一般果树为 3~5 毫米/天,葡萄、瓜类为 3~6 毫米/天);η 为灌溉水利用系数,在微灌条件下一般选取 0.9~0.95。

在实际生产中,灌溉时间间隔可以根据作物不同生育时期的需水特性分别计算。灌溉时间间隔还受气候条件的影响。在露地栽培的条件下,受自然降水的影响,灌溉时间间隔的设计主要体现在干旱少雨阶段的微灌管理。在设施栽培的条件下,灌溉时间间隔受气温的影响较大,在遇到低温时,作物耗水强度下降,因此,在实际生产中需要根据气候和土壤含水量来增大或缩小灌溉时间间隔。

(五)确定一次灌溉延续时间

一次灌溉延续时间是指完成一次灌水定额时所需要的时间,也间接地反映了微灌设备的工作时间。在每次灌水定额确定之后,灌水器的间距、毛管的间距和灌水器的出水量都直接影响灌水延续时间。计算公式为:

$$t = wS_eS_r/q \qquad (5-6)$$

式中,t 为一次灌溉延续时间,小时;w 为灌水定额,毫米;S_e 为灌水器间距,米;S_r 为毛管间距,米;q 为灌水器流量,升/时。

对于成龄果树,一棵树安装 n 个滴头灌溉时,则式(5-6)中 S_e 为果树的株距,S_r 为果树的行距。

(六)确定灌溉次数

当灌溉定额和灌水定额确定之后,就可以很容易地确定灌溉次数了。用公式表示为:

$$灌溉次数 = 灌溉定额/灌水定额 \qquad (5-7)$$

采用微灌时,作物全生育期(或全年)的灌溉次数比传统地面灌溉的次数多,并且随作物种类和水源条件等不同而不同。在露地栽培条件下,降水量和降水分布直接影响灌溉次数。应根据墒情监测结果确定灌溉的时间和次数。在设施栽培中进行微灌技术应用时,可以根据作物不同生育时期分别确定灌溉次数,累计得出作物全生育期或全年的灌溉次数。

(七)确定灌溉制度

根据上述各项参数的计算,可以最终确定在当地气候、土壤等自然条件下,某种作物的灌溉次数、灌溉日期和灌水定额及灌溉定额，使作物的灌溉管理用制度化的方法确定下来。由于灌溉制度是以正常年份的降水量为依据，在实际生产中，灌溉次数、灌溉日期和灌水定额需要根据当年的降水和作物生长情况进行调整。

第二节　水肥一体化中的肥料选择

肥料的种类很多，但由于水肥一体化技术中肥料必须与灌溉水结合，因此肥料的品种、质量、溶解性都必须满足一定要求才能使用。

一、水肥一体化肥料的选择原则

一般根据肥料的质量、价格、溶解性等来选择，要求肥料具备以下条件。

（一）溶解性好

在水肥一体化系统中，肥料的溶解性直接决定了系统能否稳定运行。肥料需在常温（20~25℃）条件下快速且完全溶解于灌溉水中，形成高浓度养分溶液。实际判断时，可取少量肥料样品与灌溉水按1：10比例混合，充分搅拌后静置30分钟，观察溶液中是否存在明显的沉淀或悬浮颗粒。不溶物含量应严格控制在5%以下，调理剂（如填充剂、黏结剂等）使用量也需最小化，以防止堵塞过滤器滤网、滴灌带滴头、喷灌喷头的微小流道。同时，还要考虑水温变化对溶解度的影响，如磷酸二氢钾溶解度在低温下下降明显，因此在冬季使用时需注意溶解条件，必要时适当加热水源以保证肥料充分溶解。表5-2为常用肥料在不同温度下的溶解度，选择肥料时可进行参考。

表 5-2　常用肥料在不同温度下的溶解度　　　单位：克

常用肥料	0℃	10℃	20℃	30℃
尿素	680	850	1 060	1 330
硝酸铵	1 183	1 580	1 950	2 420
硫酸铵	706	730	750	780
硝酸钙	1 020	1 240	1 294	1 620
硝酸钾	130	210	320	460
硫酸钾	70	90	110	130
氯化钾	280	310	340	370
磷酸氢二钾	1 328	1 488	1 600	1 790
磷酸二氢钾	142	178	225	274
磷酸二铵	429	628	692	748
磷酸一铵	227	295	374	464
氯化镁	528	540	546	568
硫酸镁	260	308	356	405

（二）兼溶性强

兼溶性强的肥料能实现多种养分同步施用，显著提升施肥效率。在选择时，需通过查阅肥料配伍表或进行小规模混合试验，验证不同肥料混合后的性状变化。例如，将硫酸钾与硝酸钙混合，二者会发生化学反应生成硫酸钙沉淀，堵塞灌溉管道，因此不能混合施用；而硝酸钾与尿素混合，不会产生沉淀，可安全混合使用。此外，还需注意肥料混合后的酸碱度变化，部分肥料混合后可能导致溶液 pH 值大幅波动，影响养分有效性或对设备产生腐蚀。例如，碳酸氢铵与过磷酸钙混合，会释放大量氨气，不仅造成氮素损失，还会改变溶液 pH 值。在实际操作中，对于不确定兼溶性的肥料，可先取少量样品在容器中混合，观察是否有沉淀、气泡产生或颜色变化,若出现异常则避免混合使用。同时,在添加多种肥料时,应遵循"先溶后混、少量多次"的原则,即先分别将肥料溶解成母液,再依次缓慢混合,降低沉淀风险。

(三)作用力弱

肥料与灌溉水的相互作用关系到灌溉系统的稳定性和作物生长环境。理想的肥料应在溶入灌溉水后,不会引起水体 pH 值的剧烈波动(pH 值变化范围宜控制在±1 以内)。例如,硫酸铵属于酸性肥料,溶解后会使灌溉水 pH 值降低,长期使用可能导致土壤酸化;而石灰氮是碱性肥料,溶解后会使水体 pH 值升高,影响铁、锰等微量元素的有效性。此外,肥料中的离子成分应避免与灌溉水中的原有成分发生不利化学反应。例如,当灌溉水中钙、镁离子含量较高时,应避免使用含碳酸根、硫酸根的肥料,防止生成碳酸钙、硫酸钙沉淀堵塞系统。在选择肥料前,需对灌溉水进行水质检测,了解其酸碱度、硬度(钙、镁离子含量)、重金属含量等指标,结合检测结果选择与之适配的肥料。若灌溉水 pH 值偏低,可选择生理碱性肥料进行调节;若 pH 值偏高,则选用生理酸性肥料。同时,定期监测灌溉水的 pH 值和电导率等参数,根据变化及时调整肥料种类和用量。

(四)腐蚀性小

肥料对灌溉系统的腐蚀性直接影响设备使用寿命,选择腐蚀性小的肥料至关重要。肥料中的酸性或碱性物质、氯离子等成分是导致设备腐蚀的主要因素。例如,氯化铵、氯化钾等含氯肥料,在溶液中会解离出氯离子,对金属材质的水泵、管道、阀门等具有较强腐蚀性,尤其在湿度较大的环境中,易引发金属锈蚀;而硝酸钾、磷酸二氢钾等肥料对设备的腐蚀性相对较小。在选择肥料时,应优先选用对系统材料无腐蚀性或腐蚀性小的产品。若系统设备为金属材质,尽量避免使用含大量无机酸或高浓度氯离子的肥料；若使用塑料管道等非金属材质，虽其对酸碱耐受性较好，但仍需注意肥料溶液的浓度，避免因渗透压过高导致管道老化或变形。此外，定期对灌溉设备进行维护保养，如清洗过滤器、检查管道接口密封情况、对金属部件进行防腐处理等，可有效降低肥料腐蚀带来的影响。同时，在系统闲置期间，应将管道内残留的肥料溶液排空，并用清水冲洗，减少肥料对设备的持续腐蚀。

二、水肥一体化常用肥料

水肥一体化技术对设备、肥料以及管理方式有着较高的要求。滴灌灌水器的流道细小或狭长，所以一般只能使用水溶性固态肥料或液态肥，以防流道堵塞；而喷灌喷头的流道较大，且喷灌的喷水犹如降雨一样，可以喷洒叶面肥，因此，喷灌施肥对肥料的要求相对低一点。

（一）磷肥

常用于水肥一体化技术的磷肥有磷酸、磷酸二氢钾、磷酸一铵、磷酸二铵。其中，磷酸非常适合水肥一体化技术，通过滴注器或微型灌溉系统灌溉施肥时，建议使用酸性磷酸。

（二）氮肥

常用于水肥一体化技术的氮肥有尿素、硫酸铵、硝酸铵、磷酸一铵、磷酸二铵、硝酸钾、硝酸钙、硝酸镁。其中，尿素是最常用的氮肥，纯净，极易溶于水，在水中完全溶解，没有任何残余。尿素进入土壤后3~5天，经水解、氨化和硝化作用，转化为硝酸盐，供作物吸收利用。

（三）钾肥

常用于水肥一体化技术的钾肥有氯化钾、硫酸钾、硝酸钾、磷酸二氢钾、硫代硫酸钾。其中，氯化钾、硫酸钾、硝酸钾最为常用。氯化钾是最廉价的钾源,建议使用白色氯化钾,其溶解度高、溶解速度快;不建议使用红色氯化钾,其红色不溶物(氧化铁)会堵塞出水口。硫酸钾常用在对氯敏感的作物上,但肥料中的硫酸根限制了其在硬水中的使用,因为其在硬水中易生成硫酸钙沉淀。硝酸钾是非常适合水肥一体化技术的二元肥料,但在作物生长末期,当作物对钾需求增加时,硝酸根不但没有利用价值,反而会对作物起反作用。

(四)有机肥料

有机肥要用于水肥一体化技术,主要解决两个问题:一是有机肥必须液体化;二是要经过多级过滤。一般易沤腐、残渣少的有机肥都适合水肥一体化技术;含纤维素、木质素多的有机肥不宜于水肥一体化技术,如秸秆类。有些有机物料本身就是液体,如酒精厂、味精厂的废液;但有些有机肥沤后含残渣太多不宜作滴灌肥料(如花生麸)。沤腐液体有机肥应用于滴灌更加方便,只要肥液不存在导致微灌系统堵塞的颗粒,均可直接使用。

(五)中微量元素

中量元素肥料绝大部分溶解性好、杂质少。常用的钙肥有硝酸钙、硝酸铵钙。镁肥中常用的有硫酸镁,硝酸镁价格高很少使用,硫酸钾镁肥也越来越普及。

水肥一体化技术中常用的微量元素肥料是铁、锰、铜、锌的无机盐或螯合物。无机盐一般为铁、锰、铜、锌的硫酸盐,其中硫酸亚铁容易产生沉淀,此外还易与磷酸盐反应产生沉淀堵塞滴头。螯合物金属离子与稳定的具有保护作用的有机分子相结合,可避免产生沉淀、发生水解,但价格较高。

综上,常用于水肥一体化技术的中微量元素肥料有硝酸钙、硝酸铵钙、氯化钙、硫酸镁、氯化镁、硝酸镁、硫酸钾镁、硼酸、硼砂、水溶性硼、硫酸铜、硫酸锰、硫酸锌等。

(六) 水溶性复混肥

水溶性肥料是近年来兴起的一种新型肥料，是指经水溶解或稀释后，用于灌溉施肥、无土栽培、浸种蘸根等用途的液体肥料或固体肥料。在实际生产中，水溶性肥料主要是水溶性复混肥，不包括尿素、氯化钾等单质水溶性肥料，目前大部分必须经过国家化肥质量监督检验中心登记后才能使用。根据其组分，可以分为大量元素水溶性肥料、微量元素水溶性肥料、中量元素水溶性肥料、含氨基酸水溶性肥料、含腐植酸水溶性肥料。在这5类肥料中，大量元素水溶性肥料既能满足作物多种养分需求，又适合水肥一体化技术。

除上述有标准要求的水溶性肥料外，还有一些新型水溶性肥料，如糖醇螯合水溶性肥料、含海藻酸型水溶性肥料、木醋液（或竹醋液）水溶性肥料、稀土型水溶性肥料、有益元素类水溶性肥料等，也可用于水肥一体化技术中。

第三节　水肥一体化中的施肥制度

一、作物必需的营养元素

判断某种元素是否为植物必需营养元素的标准有3个：一是缺乏某种元素植物不能完成生命周期；二是缺乏某种元素植物会表现出特有症状，只有补充这种元素后，症状才能减轻或消失；三是这种元素对植物的新陈代谢起着直接的营养作用，而不是发挥改善植物环境条件的间接作用。

大量元素包括碳、氢、氧、氮、磷、钾。它们在植物体内含量一般为百分之几。碳、氢、氧3种元素来自空气和水，是有机物的重要组成元素，对于氮、磷、钾这3种元素，植物需要量较大，但土壤中含量一般较少，常常需要通过施肥才能满足植物生长的需求，氮、磷、钾肥是植物需要量较多的肥料。

中量元素包括钙、镁、硫3种元素。它们在植物体内的含量约为千分之几，在土壤中含量较高，易满足植物需要，一般不需要施肥补充，但在南方降水量大的地区需要施肥补充。

微量元素包括铁、铜、锌、锰、钼、硼和氯。它们在植物体内的含量为万分之几以下，微量元素虽然含量较低，但对植物的作用很大，一般土壤中含量可以满足植物的需要，但也有些微量元素在土壤中含量不足，需要通过施肥来补充。

还有些元素对植物生长有作用，但不是必需的元素，或只对某些植物在特定的条件下是必需的元素，通常被称为有益元素，如钠、硅、钴、钒、硒、铝、碘、铬、砷、铈等。植物对有益元素的需求量要求十分严格，缺少时生长受影响，稍微过量则发生毒害作用。一般植物正常生长发育所要求的含量很低，适宜的范围也很窄。

二、养分检测

（一）土壤养分检测

对于生长在土壤中的作物，土壤测试是确定肥料需求的必要手段。土壤分析应阐明土壤中某种营养元素的含量对要种植的某种具体作物而言是充足还是缺乏。土壤本身含有各种养分，通过先前施用化肥或有机肥也会有养分残留。但是土壤中的养分只有一小部分能被作物吸收利用，即对作物有效。氮主要存在于有机物中，并且只有被微生物分解形成硝态氮或铵态氮才能被作物吸收利用。土壤中的磷只有一小部分是有效磷，但土壤磷库会持续释放磷以维持土壤溶液的磷浓度。土壤中只有交换性钾和存在于溶液中的钾才能被作物吸收利用，但是随着速效钾不断被吸收，它与固定态钾之间的动态平衡被打破，固定态钾会被转化释放到土壤溶液中。测出土壤的营养元素总含量并不能说明它们对作物的有效性。现已有可浸提出潜在有效养分的分析方法,这些方法广泛应用于实验室土壤分析,分析数据可以用来可靠地估测养分的有效性。

不同元素和不同土壤的浸提方法也不同,一些方法使用弱酸或弱碱作为浸提剂,一些则使用离子交换树脂,以模拟根对养分的吸收。阳离子(如钾离子)有效性通常是测定其能被浸提出的可交换性部分。在用分析数据进行诊断之前,必须要用田间试验中作物对养分的反应结果来校正分析数据。

确定一种作物对养分的需要量时,必须用作物对养分的总需求量减去土壤所含的有效养分含量。另外,灌溉施肥中使用的水溶性养分,特别是磷肥,在土壤中会发生反应而使其有效性降低,对于用土壤种植的作物,施肥时必须考虑到这一点。例如,磷肥的施用量通常比作物实际需要的量大,从而满足作物的吸收。

土壤和生长基质测试应包含另外两个参数:电导率和 pH 值。土壤和生长基质中水浸提物的电导率可反映可溶性盐分含量。施肥后没有被作物吸收的或没有淋失的那部分养分及灌溉水本身会造成盐分累积,盐分浓度增加会使根际环境的渗透压升高,使根系对水分和养分的吸收减少,从而造成减产。一些离子过量会对作物产生不良反应,并会对土壤结构产生不良影响。

土壤和生长基质浸提物的 pH 值反映了土壤和生长基质的酸碱度。大多数作物在 pH 值接近中性时长势最好。一些肥料具有酸化作用,如施用铵化合物会因其被氧化成硝态氮而使酸度增加。缓冲作用很弱的介质如粗质地砂壤土,酸化作用比细质地土壤更为明显。当灌溉水中含有过量钠离子时,土壤会碱化。

通常用土钻从 0~20 厘米和 20~40 厘米两个土层采取有代表性的土样。对于深根作物,取样土层应为 0~30 厘米和 30~60 厘米;对于碱化土壤,最好在地面 60 厘米以下取样。需调查取样地块的土壤均匀度,若表层土壤的颜色、倾斜度和耕作历史不同,可将田块划分为若干小块来取样,每块均匀田地(或每小块田)和土层一般取 30~40 个点。然后将这些样品充分混合,取约 1 千克土样带到实验室分析。生长期间的取样需在灌溉前进行,除去表层 5 厘米的土样,取样深度至 15~20 厘米。其他步骤与上面所述的相同。

(二)植物养分检测

对于大田作物,测土施肥和效应函数法都是产前定肥,难以解决因气候等其他条件变化而引起的作物营养状况的变化,植株测试可以解决这一问题,多年生园艺作物不宜采用测土施肥等方法,而植株测试是一个好方法。

植株测试一般分为两类:全量分析与组织速测。全量分析同时测定已结合在植物组织中的元素以及还留在植物汁液中的可溶性组分的元素;组织速测用来测定尚未被植物同化的留在植物汁液中的可溶性成分,实际上它代表的是已进入植物而尚未到达被利用部位的途中含量。

应用植株测试可以达到以下目的:对已察觉的症状进行诊断或证实诊断;检出潜伏缺素期;研究作物生长过程中的营养动态和规律;研究作物品种的营养特点,作为施肥的依据;应用于推荐施肥。

1. 植株测试的方法

(1)测试方法

测试方法有化学分析法、生物化学法、酶学方法、物理方法等。

化学分析法:最常用、最有效的植株测试方法,按分析技术的不同,又可将其分为植株常规分析和组织测定。植株常规分析多采用干样品,组织测定指分析新鲜植物组织汁液或浸出液中的活性离子浓度。前者是评价植物营养的主要技术,后者因具有简便、快速的特点适于田间直接应用。

生物化学法：测定植株中某种生化物质来表征植株营养状况的方法，如测定水稻叶鞘或叶片中天冬酰胺，或用淀粉-碘反应作为氮的营养诊断法。

酶学方法：作物体内某些酶的活性与某些营养元素的含量有密切关系，根据这些酶活性的变化，即可判断某种营养元素的丰缺程度。

物理方法：如叶色诊断，叶片颜色→叶绿素→氮。

（2）测定部位

一般来说，植株不同部位的养分浓度之间及它们与全株养分浓度之间是有一定关系的，然而，同种器官不同部位的养分浓度也有很大差异，而且不同养分之间这种差异是不一致的，叶、根中氮浓度对氮素供应的变化更敏感一些，因此可作为敏感的指标。

不同供钾情况下烟草低位和高位叶的反应明显不同。在供应较低时，上部叶钾浓度的增长更快一些；当供应高时，下部叶更快。这与缺钾时钾的转移有关，老叶是指示缺钾的更敏感部位。钾移动性好，钙移动性差。试验中作物从富钙到缺钙的转变过程中，老叶钙含量不变，新叶缺钙，新叶是指示缺钙的更敏感部位。对于钙和硼，果实比叶片对缺素更敏感。

2. 植株测试中指标的确定

（1）诊断指标的表示方法

主要有临界值、养分比值、相对产量、诊断施肥综合系统（DRIS法）、指数法等。

①养分比值。由于营养元素之间的相互影响，一种元素浓度的变化常引起其他元素的改变，因此，用养分比值作为诊断指标，要比用一种元素的临界值能更好地反映养分的丰缺关系。

②DRIS法。DRIS法基于养分平衡的原理，用叶片诊断技术，

第五章 水肥一体化中的灌溉施肥制度

综合考虑营养元素之间的平衡情况和影响作物产量的诸因素，研究土壤、植株与环境条件的相互关系，以及它们与产量的关系。

③指数法。先进行大量叶片分析，记载其产量结果和可能影响产量的各种参数，将材料分为高产组（B）和低产组（A），将叶片分析结果以 N%、P%、K%、N/P、N/K、K/P、NP、NK、PK 等多种形式表示，计算各形式的平均值、标准差（S_d）、变异系数（C_V）、方差（S）及两种方差比（S_A/S_B），选择保持最高方差比的形式作为诊断的表示形式，对 N、P、K 的诊断一般采用 N/P、N/K、K/P 指标。

应用时，将测定结果按下式求出 N 指数、P 指数、K 指数：

$$\begin{cases} N\text{ 指数} = +[f(N/P)+f(N/K)]/2 \\ P\text{ 指数} = -[f(N/P)+f(K/P)]/2 \\ K\text{ 指数} = +[f(K/P)-f(N/K)]/2 \end{cases} \quad (5-8)$$

当实测 N/P＞标准 N/P 时，则 $f(N/P)=100\times[$（实测 N/P）/（标准 N/P）$-1]\times 10/C_V$；当实测 N/P＜标准 N/P 时，则 $f(N/P)=100\times[1-$（标准 N/P）/（实测 N/P）$]\times 10/C_V$。

$f(N/K)$、$f(K/P)$ 类推。

N 指数、P 指数和 K 指数中，负指数值越大，养分需要强度越大；正指数越大，养分需要强度越小。这 3 个指数的代数和为 0。例如，一果树求得 N 指数=-13、P 指数=-31、K 指数=44，则其需肥强度为 P＞N＞K。

该法在多种作物上有较高的准确性，不受采样时间、部位、株龄和品种的影响，优于临界值法，但它只指出作物对某种养分的需求程度，而未能确定施肥数量。

（2）确定诊断指标的方法

诊断指标应在通过生产试验获得大量试验数据的情况下才确定。通常采用以下方法。

①大田调查诊断。在一个地区选择代表性地块,在播前或生育期进行化学诊断,并结合当地经验,搜集各种数据,统计整理,从中找出不同条件下产量、养分等变化幅度的规律,划分成不同等级作为诊断标准。

②田间校验。即养分丰缺指标的划分研究,利用田间多点试验,找出养分测定值与相对产量之间的曲线。一般把指标划分为高、中、低、极低四级。田间校验的优点是能全面反映当地的自然条件,把影响养分供应量的诸因素都表现在分级指标中,所得指标准确性高,但需时间及重复。

田间试验分短期、长期两种,短期多为一年试验,一般设施与不施某养分两种处理方法,要求多个试验点重复,根据相对产量划分等级,由于年限短,不能反映肥料的叠加效应。因此,结果只能决定是否需要施肥,而不能确定施肥量。

长期田间试验可为确定养分用量提供数据,一个点上相同肥料及用量多年试验,可得测试值与产量相关性的数据,为确定施肥量做支撑。

③对比法。在作物品种、土壤类型相同的条件下,选正常、不正常的健壮植株,多点测定土壤植物养分含量,将二者进行比较确定指标。

诊断指标的确定应是将营养诊断、大田生产和肥料试验三者结合,并进行多次诊断找出规律。任何诊断指标都是在一定生产条件下取得的。不同地区的指标,只能作参考,不可生搬硬套。引用时要经产地生产的检验,才可使用。

(3) 应用诊断指标应注意的问题

①作物种类与品种特性。不同作物、同一作物不同品种、同一品种不同生育时期对养分的需求和临界浓度不同,应用指标时应考虑这些因素。在有些情况下,养分含量高,生长量或产量并

不一定高。

②营养元素之间的相互关系。拮抗作用，如 Ca^{2+} 与 Mg^{2+}；协助作用，如 Ca^{2+}、Mg^{2+}、Al^{3+} 能促进 K^+ 的吸收。因此，应用某种元素的诊断指标时，不仅要了解该养分的相对量，也要了解有关元素的相互关系。

③诊断的技术条件要求一致。采样分析等应和拟定指标时一致，应有可比性，否则指标就无应用价值。指标应随生产水平和技术措施的改变而不断修正。

总之，既要应用诊断指标施肥，又不能孤立地应用指标，必须因地制宜，根据具体情况灵活运用指标，从而使诊断指标更具实用价值，使诊断技术逐步完善。

三、水肥一体化施肥制度的制定

水肥一体化施肥制度的制定必须明确施肥量、肥料种类、肥料的使用时期。施肥量的确定受作物产量水平、土壤供肥能力、肥料利用率、当地气候、土壤条件及栽培技术等综合因素的影响。确定施肥量的方法也很多，如养分平衡法、田间试验法等。这里仅以养分平衡法为例介绍施肥量的确定方法。

（一）施肥量确定

1. 作物计划产量的养分需求总量

土壤肥力是决定产量的基础，作物的计划产量要依据当地的综合因素而确定，不可盲目过高或过低。确定计划产量的方法很多，常用的方法是以当地前 3 年作物的平均产量为基础，再增加 10%~15% 的产量作为计划产量。根据计划产量，按下列公式算出作物计划产量所需要的氮、磷、钾总量。

$$作物计划产量所需养分量 = (计划产量/100) \times 100 千克产量所需养分量 \qquad (5-9)$$

2. 土壤供肥量

土壤供肥量是指作物达到一定产量水平时从土壤中吸收的养分量（不含施用的肥料养分量）。获得这一数值的方法有很多，一般来讲，土壤的供肥量多以该种土壤上无肥区全收获物中养分的总量来表示，各地应按土壤类型，对不同作物进行多点试验，取得当地的可靠数据后，按下式估算土壤供肥量：

$$土壤供肥量 = 土壤养分测定值 \times 0.15 \times 校正系数 \quad (5-10)$$

3. 肥料利用率

肥料利用率是指作物吸收来自所施肥料的养分占所施肥料养分总量的百分比。它是合理施肥的一个重要指标，也是计算施肥量时所需的一个重要参数，它可以通过田间试验和室内的化学分析结果按下式求得：

$$肥料利用率（\%） = [（施肥区作物地上部分该元素的吸收量 - 无肥区作物地上部分该元素的吸收量）/ 所施肥料中该元素的总量] \times 100 \quad (5-11)$$

知道了实现计划产量所需的养分总量、土壤供肥量和将要施用的肥料利用率及该种肥料中某一养分的含量，就可依据下面公式估算出计划施肥量：

$$计划施肥量 =（计划产量所需的养分总量 - 土壤供肥量）/（肥料中有效养分含量 \times 肥料利用率） \quad (5-12)$$

(二) 施肥时期的确定

掌握作物的营养特性是实现合理施肥的最重要依据之一。不同的作物种类其营养特性是不同的，即便是同一种作物在不同的生育时期其营养特性也是各异的，只有了解作物在不同生育时期对营养的需求特征，才能根据不同的作物及其不同的时期，有效地应用施肥手段调节其营养条件，达到提高产量、改善品质和保护环境的目的。作物的一生要经历许多不同的生长发育阶段，在这些阶段中，除前期种子营养阶段和后期根系停止吸收养分的阶段外，其他阶段都要通过根系、叶等器官从土壤中或介质中吸收养分。作物从环境中吸收养分的整个时期，被称为作物的营养期。作物从环境中吸收营养元素的种类、数量和比例等都随生育时期而异，叫作作物的阶段营养期。作物对养分的要求虽有其阶段性和关键时期，但决不能忘记作物吸收养分的连续性。任何一种作物，除了营养临界期和最大效率期外，在各个生育阶段中适当供给足够的养分都是必需的。

(三) 施肥环节的确定

作物有营养期且有阶段营养期，在植物营养期内就要根据苗情而施肥，所以施肥的任务不是一次就能完成的。对于大多数一年生或多年生作物来说，施肥应包括基肥、种肥和追肥3个时期（或环节）。每个施肥时期（或环节）都起着不同的作用。

1. 基肥

也常被称为底肥，它是在播种（或定植）前结合土壤耕作施入的肥料。其作用是双重的，一方面是培肥和改良土壤，另一方面是供给作物整个生长发育时期所需要的养分。通常多用有机肥料，配合一部分化学肥料作基肥。基肥的施用应按照肥土、肥苗、土肥相融的原则施用。

2. 种肥

播种（或定植）时施在种子附近或与种子混播的肥料。其作用是给种子萌发和幼苗生长创造良好的营养条件和环境条件。因此，种肥一般多用腐熟的有机肥或速效性的化学肥料以及生物肥料等。同时，为了避免种子与肥料接近可能产生的不良作用，应尽量选择对种子或根系腐蚀性小或毒害轻的肥料。凡是浓度过大、过酸或过碱、吸湿性强、溶解时产生高温及含有毒性成分的肥料均不宜作种肥施用。例如，碳酸氢铵、硝酸铵、氯化铵，以及土法生产的过磷酸钙等均不宜作种肥。

3. 追肥

追肥指在作物生长发育期间施入的肥料。其作用是及时补充植物在生长发育过程中所需的养分，以促进作物进一步生长发育，提高产量和改善品质，一般以速效性化学肥料作追肥。

第六章 水肥一体化智能技术的维护与管理

第一节 水肥一体化设备的维护要点

一、首部枢纽维护

（一）水泵维护

1. 启动前检查

在每次启动水泵之前，必须进行全面细致的检查工作。首先，检查水泵的外观，查看泵体是否有破损、裂缝，各连接部位的螺栓是否有松动。其次，检查水泵的润滑油液位，应确保润滑油处于油标规定的正常刻度范围内，若液位过低，需及时添加符合设备要求的润滑油，以保证水泵各运动部件的良好润滑，减少磨损。再次，检查水泵的密封情况，查看填料函处是否有明显的漏水迹象，若漏水严重，可能是填料磨损或密封装置损坏，需及时更换填料或维修密封装置，防止因漏水导致水泵性能下降甚至损坏。最后，对电机驱动的水泵，要检查电机的接线是否牢固，有无破损、短路风险，使用万用表测量电机绕组的绝缘电阻，其值应符合电机的技术标准要求（一般低压电机绝缘电阻不低于0.5兆欧），以保障电机的安全运行。

2. 运行中监测

水泵启动运行后,需密切监测其运行状态。通过观察水泵的进出口压力表,确保压力值稳定在正常工作范围内。若压力异常波动或明显偏离正常数值,可能意味着水泵内部出现故障,如叶轮损坏、泵体堵塞等,需及时停机排查。同时,倾听水泵运行时的声音,正常运行的水泵声音平稳、均匀,若出现异常噪声,如撞击声、摩擦声等,表明水泵可能存在部件松动、磨损或叶轮与泵体摩擦等问题,应立即停机检查,避免故障进一步恶化。另外,还要注意水泵的温度变化,用手触摸泵体外壳,感受温度是否过高(一般水泵运行时外壳温度不超过70℃),若温度过高,可能是由水泵过载、散热不良或润滑不足等原因引起的,需及时采取相应措施进行处理。

3. 定期维护保养

定期对水泵进行全面的维护保养是延长其使用寿命、保证其性能稳定的重要措施。每隔一定的运行时间(一般为500~1 000小时),需对水泵进行1次小保养,包括清洗水泵的过滤器,去除滤网表面的杂质、泥沙等,防止其堵塞影响水泵的进水流量。同时,检查水泵的叶轮、泵轴等关键部件的磨损情况,若叶轮磨损较轻,可进行修复打磨;若磨损严重,则需及时更换新叶轮。此外,还要对水泵的轴承进行检查和保养,添加或更换润滑脂,确保轴承转动灵活。每隔较长的运行周期(一般为2 000~3 000小时),需对水泵进行1次大保养,除了完成小保养的所有项目,还需对水泵进行拆解,清洗泵体内部的污垢、锈迹,检查各密封件、连接件的状况,对磨损或老化的部件进行更换,并对水泵进行全面的性能测试,确保其各项性能指标符合设备的技术要求。

4. 停机后处理

当水泵停止运行后，若长时间不再使用，应及时排空泵体及管道内的水，防止冬季低温时水结冰膨胀而损坏水泵和管道。对于安装在室外的水泵，在停机期间，要做好防护措施，可使用防护罩或塑料布等将水泵包裹起来，防止灰尘、雨水等进入水泵内部，造成设备腐蚀或损坏。同时，还要定期对停机的水泵进行检查，查看设备是否有异常情况，确保在下次使用时水泵能够正常启动运行。

(二) 过滤器维护

1. 清洗频率确定

过滤器是保障水肥一体化系统水质清洁、防止杂质堵塞管道和灌水器的关键设备，其清洗频率需根据水源水质状况和设备使用情况来确定。若水源水质较好、杂质较少，可适当延长清洗周期；若水源水质较差，含有较多的泥沙、藻类、有机物等杂质，则需增加清洗频率。一般情况下，对于网式过滤器，在灌溉季节，每周至少检查清洗 1 次；对于叠片过滤器，每 1~2 周检查清洗 1 次；对于砂石过滤器，每 2~3 周进行 1 次反冲洗操作。在实际使用过程中，可通过观察过滤器进出口的压力差大小来判断是否需要清洗，压力差超过设备规定的阈值（一般为 0.05~0.1 兆帕），说明过滤器内部已积累了较多杂质，需要及时进行清洗。

2. 不同类型过滤器清洗方法

（1）网式过滤器

清洗网式过滤器时，首先关闭过滤器的进出口阀门，然后打开过滤器的排污阀，将过滤器内的水排空。接着，拆卸过滤器的滤网，使用软毛刷或清水冲洗滤网表面的杂质，对于难以清洗掉的顽固杂质，可使用专用的清洗剂浸泡后再进行清洗，但要注意清洗剂的选择，避免对滤网造成腐蚀。清洗完成后，将滤网晾干，检查滤网是否有破损，若有破损，需及时更换新的滤网，然后将滤网安装回过滤器，关闭排污阀，打开进出口阀门，使过滤器恢复正常工作状态。

（2）叠片过滤器

清洗叠片过滤器时，同样先关闭进出口阀门，打开排污阀排空过滤器内的水。然后，松开过滤器外壳上的紧固螺栓，打开过滤器外壳，取出叠片组件。将叠片组件放入清水中，使用软毛刷轻轻刷洗每个叠片的表面，去除上面的杂质和污垢。对于一些细小的缝隙和孔洞，可使用高压水枪进行冲洗，但要注意控制水压，避免损坏叠片。清洗完毕后，将叠片组件晾干，检查叠片是否有变形、损坏等情况，如有问题，及时更换相应的叠片。最后，将叠片组件重新安装回过滤器外壳，拧紧紧固螺栓，关闭排污阀，打开进出口阀门，完成清洗操作。

（3）砂石过滤器

砂石过滤器的清洗主要通过反冲洗来实现。在进行反冲洗前，先关闭过滤器的进水阀门和出水阀门，打开反冲洗阀门和排污阀门。然后，启动反冲洗水泵，使水流反向通过过滤器，将过滤器内砂石层中的杂质冲洗出来，通过排污管道排出。反冲洗的时间一般根据过滤器的规格和杂质积累情况来确定，通常为5~15分钟。在反冲洗过程中，可观察排污口排出水的浑浊程度，当排出的水变得清澈时，说明反冲洗效果较好。反冲洗结束后，关闭反冲洗水泵、反冲洗阀门和排污阀门，打开进水阀门和出水阀门，使过滤器恢复正常过滤状态。为了保证砂石过滤器的过滤效果，每隔一段时间（一般为1~2年），还需对过滤器内的砂石进行补充或更换，以确保砂石层的过滤性能。

(4) 维护注意事项

在过滤器的维护过程中,要注意保护过滤器的各部件,避免在拆卸、清洗和安装过程中造成损坏。同时,要定期检查过滤器的密封件,如密封圈、密封垫等,若发现密封件老化、变形或损坏,应及时更换,确保过滤器的密封性能良好,防止漏水和杂质渗入。此外,还要注意过滤器的运行压力,避免过滤器在过高的压力下运行,以免损坏设备。在过滤器的进出口管道上,应安装合适的压力表,以便实时监测过滤器的运行压力。另外,对于使用化学药剂进行清洗的过滤器,要注意药剂的使用浓度和操作方法,避免因药剂使用不当对设备和环境造成危害。清洗后的废水应进行妥善处理,避免直接排放造成环境污染。

(三) 施肥装置维护

1. 肥料罐维护

肥料罐是储存肥料溶液的容器,其维护对于保证施肥的准确性和稳定性至关重要。定期检查肥料罐的外观,查看罐体是否有破损、裂缝、腐蚀等情况,若发现罐体有损坏,应及时进行修复或更换,防止肥料溶液泄漏。同时,要定期清洗肥料罐,一般在每个施肥周期结束后,将肥料罐内剩余的肥料溶液排空,然后使用清水冲洗罐体内部,去除残留的肥料结晶和杂质。对于长期使用后在罐体内壁形成的顽固污垢,可使用专用的清洁剂进行清洗,但要注意清洁剂的选择,避免其与肥料发生化学反应,影响肥料的效果。清洗完成后,将肥料罐晾干,然后检查罐体内的搅拌装置是否正常,若搅拌装置的叶片有损坏或变形,应及时修复或更换,确保搅拌装置能够正常工作,使肥料溶液均匀混合。

2. 施肥泵维护

施肥泵是将肥料溶液注入灌溉管道的关键设备,其维护要点与水泵类似。在每次使用施肥泵之前，要检查泵体的外观，查看各连接部位是否松动，密封是否良好。同时，检查施肥泵的润滑油液位，确保润滑油充足。启动施肥泵前，还要检查电机的接线是否牢固，绝缘电阻是否符合要求。在施肥泵运行过程中，要密切监测其运行状态，观察泵的进出口压力是否稳定，流量是否正常。若压力异常或流量不足，可能是施肥泵内部出现故障，如泵体堵塞、叶轮损坏、密封不良等，需及时停机排查。定期对施肥泵进行保养，每隔一定的运行时间（一般为200~300小时），对施肥泵进行清洗，去除泵体内的肥料结晶和杂质。同时，检查施肥泵的叶轮、轴封等关键部件的磨损情况，若磨损严重，需及时更换。此外，还要对施肥泵的电机进行保养，定期清理电机外壳的灰尘，检查电机的轴承是否需要添加润滑脂，确保电机运行平稳。

3. 注肥管道与阀门维护

注肥管道和阀门负责将施肥泵输出的肥料溶液输送到灌溉管道中，并控制肥料溶液的流量和通断。定期检查注肥管道的外观，查看管道是否有破损、老化、泄漏等情况，若发现管道有问题，应及时更换受损的管道部分。同时，要注意检查管道的连接部位，确保连接处密封良好，无松动现象。对于注肥管道上的阀门，要定期进行开关操作，检查阀门的启闭是否灵活，密封是否可靠。若阀门出现卡顿、漏水等问题，需及时进行维修或更换。在施肥结束后，要及时用清水冲洗注肥管道和阀门，将管道和阀门内残留的肥料溶液冲洗干净，防止肥料结晶堵塞管道和阀门，影响下次施肥的正常进行。另外，还要定期对注肥管道和阀门进行防锈处理，可在管道和阀门表面涂抹防锈漆或防锈油，延长其使用寿命。

二、管道系统维护

(一) 管道检查

1. 外观检查

定期对管道系统进行外观检查是发现管道问题的重要手段。在灌溉季节，每周至少对地面以上的管道进行 1 次巡查，查看管道是否有破损、裂缝、孔洞等情况，特别是在管道的连接处、转弯处以及容易受到外力影响的部位，要重点检查。对于埋地管道，虽然无法直接观察到管道的外观，但可以通过观察地面是否有塌陷、积水等异常现象来间接判断管道是否存在泄漏。同时，要注意检查管道上的标识是否清晰完整，若标识模糊或缺失，应及时进行补充，以便于日后的维护和管理。

2. 压力检查

通过安装在管道系统中的压力表，定期检查管道的运行压力，确保压力在设备规定的正常工作范围内。在灌溉过程中，观察压力的变化情况，若压力突然升高或降低，可能意味着管道系统存在堵塞或泄漏等问题。当压力升高时，可能是管道内有杂物堵塞、阀门未完全打开或下游用水设备出现故障等原因导致的；当压力降低时，可能是管道破损泄漏、接头松动或水泵供水不足等情况引起的。一旦发现压力异常，应及时停机排查，找出原因并进行修复，避免因压力问题对管道系统造成损坏。

3. 泄漏检查

除了通过压力变化来判断管道是否泄漏，还可以采用直接观察和听声等方法进行泄漏检查。在灌溉过程中，仔细观察管道的表面以及周围地面是否有渗水、滴水现象，特别是在管道的连接处、阀门处以及容易被忽视的隐蔽部位。对于一些难以直接观察到的部位，可以使用干燥的卫生纸或毛巾擦拭管道表面，若发现卫生纸或毛巾有湿润痕迹，说明该部位可能存在泄漏。此外，还可以借助听漏棒等工具，通过倾听管道内水流的声音来判断是否有泄漏。正常情况下，管道内水流声音平稳均匀，若听到有异常的流水声或"嘶嘶"声，意味着管道可能存在泄漏点，应及时进行定位和修复。

（二）管道清洗

1. 清洗周期

管道清洗的周期应根据水源水质、灌溉水中杂质含量以及管道使用情况来确定。一般来说，对于水质较好、杂质较少的水源，每年至少对管道系统进行1次全面清洗；对于水质较差、杂质较多的水源，清洗周期应适当缩短，可每半年甚至每季度清洗1次。在实际使用过程中，若发现管道内水流变小、灌水器出水不均匀或出现堵塞等情况，应及时对管道进行清洗，以保证管道系统的正常输水能力和灌溉效果。

2. 清洗方法

（1）物理清洗法

物理清洗法主要包括冲洗和刮管两种方式。冲洗是最常用的管道清洗方法，通过增大管道内的水流速度，将管道内的杂质、泥沙、藻类等冲洗出去。在冲洗时，可先关闭所有的灌水器，打开管道的末端排水阀，然后启动水泵，使水以较大的流速通过管道，将杂质带出管道。冲洗时间一般根据管道的长度和杂质积累情况来确定，通常为30~60分钟。对于一些管径较大、杂质较多的管道，可采用刮管的方式进行清洗。使用专门的管道刮管器，将其放入管道内，通过机械传动或手动操作，使刮管器在管道内移动，刮除管道内壁上的污垢和杂质。刮管完成后，再进行冲洗，将刮下的杂质冲洗干净。

（2）化学清洗法

当管道内的污垢和杂质较为顽固，物理清洗法难以达到理想的清洗效果时,可采用化学清洗法。化学清洗法是利用化学药剂与管道内的污垢发生化学反应,使其软化或溶解,从而达到清洗的目的。在选择化学药剂时,要根据管道的材质和污垢的性质进行选择,确保化学药剂不会对管道造成腐蚀。常用的化学药剂有盐酸、柠檬酸、氢氧化钠等。在进行化学清洗前,要先将管道内的水排空,然后将配制好的化学药剂溶液注入管道内,浸泡一定时间(一般为2~4小时),使药剂与污垢充分反应。浸泡结束后,使用大量的清水对管道进行冲洗,将残留的化学药剂和溶解的污垢冲洗干净。在使用化学清洗法时,要注意安全防护,操作人员应佩戴防护手套、眼镜等防护用品,避免化学药剂对人体造成伤害。同时,清洗后的废水应进行妥善处理,避免对环境造成污染。

(三) 管道修复与更换

1. 小破损修复

当管道出现较小的破损,如裂缝、孔洞等,可采用修复的方法进行处理。对于塑料管道,若破损较小,可使用专用的塑料焊接工具进行焊接修复。首先,将破损处的管道表面清理干净,去除油污、杂质等;然后,使用塑料焊条,通过焊接工具将焊条熔化,填充到破损处,使其与管道本体融为一体。焊接完成后,对修复处进行检查,确保焊接牢固、无泄漏。对于金属管道的小破损,可采用补焊的方法进行修复。在补焊前,要先将管道内的水排空,并对破损处进行清理和打磨,露出金属光泽;然后,选择合适的焊条和焊接工艺,进行补焊操作。补焊完成后,对修复处进行探伤检查,确保焊接质量符合要求。

2. 严重损坏更换

当管道出现严重损坏,如大面积破裂、腐蚀穿孔等,无法通过修复继续使用时,应及时对受损的管道部分进行更换。在更换管道时,要选择与原管道材质、规格相同的管道进行替换。首先，关闭管道两端的阀门，将管道内的水排空；然后，拆除受损的管道部分。在拆除过程中，要注意保护周围的管道和设施，避免造成二次损坏。拆除完成后，清理管道接口处的杂物和污垢，将新管道安装到原位置，确保管道连接牢固，密封良好。安装完成后，打开管道两端的阀门，对新安装的管道进行压力测试，检查是否有泄漏现象，确保管道能够正常运行。

三、灌水器维护

（一）滴头维护

1. 堵塞预防

滴头堵塞是滴灌系统中最常见的问题之一，严重影响灌溉的均匀性和效果。为预防滴头堵塞，首先，要确保水源水质良好，通过完善的过滤系统去除水中的杂质、泥沙、藻类、有机物等。在灌溉过程中，要合理控制灌溉压力和流量，避免压力过高或流量过大对滴头造成冲击，导致滴头损坏或杂质进入滴头。其次，要注意肥料的选择和使用，避免使用颗粒较大、溶解性差或容易产生沉淀的肥料，防止肥料结晶堵塞滴头。最后，定期对滴灌系统进行冲洗，特别是在每次灌溉结束后，应使用清水对管道和滴头进行冲洗，将残留的肥料和杂质冲洗干净，减少堵塞的可能性。

2. 清洗方法

当发现滴头出现堵塞时，应及时进行清洗。对于可拆卸的滴头，可将其从滴灌管上取下，放入盛有清水的容器中，浸泡一段时间（一般为30分钟至1小时），然后使用细针或专用的滴头清洗工具，小心地疏通滴头的流道，去除堵塞物。清洗完成后，将滴头重新安装回滴灌管，并进行通水测试，检查滴头是否恢复正常出水。对于不可拆卸的滴头，可采用反向冲洗的方法进行清洗。关闭滴灌系统的主阀门,打开滴灌管末端的堵头或排水阀,然后将压力较低的清水从滴灌管末端注入,使水流反向通过滴头,将堵塞物冲洗出来。反向冲洗的压力一般控制在 0.05~0.1 兆帕,冲洗时间根据滴灌管的长度和堵塞情况而定,一般为 15~30 分钟。在冲洗过程中,可适当调整冲洗压力和时间,确保滴头得到充分清洗。

3. 定期检查与更换

定期(每月至少 1 次)对滴头进行检查,查看滴头的出水流量是否均匀,出水状态是否正常。若发现部分滴头出水流量明显减小或出水不均匀,应及时进行清洗或调整。对于使用时间较长、老化严重或损坏无法修复的滴头,要及时进行更换,以保证滴灌系统的灌溉效果。一般来说,滴头的使用寿命为 3~5 年,具体更换周期可根据实际使用情况和滴头的质量状况进行确定。

(二)微喷头维护

1. 防堵塞与清洁

微喷头同样容易受到水中杂质和肥料残留的影响而发生堵塞。为防止堵塞,除了保证良好的水质过滤外,在使用过程中,要避免微喷头长时间处于低流量或间歇运行状态,防止水中的杂质在微喷头内部沉积。每次灌溉结束后,应使用清水对微喷头进行冲洗,冲洗时间不少于 5 分钟,确保微喷头内部的残留肥料和杂质被彻底清除。定期(每季度至少 1 次)对微喷头进行拆卸清洗,将微喷头从管道上取下,放入清水中浸泡,然后使用软毛刷轻轻刷洗喷头的表面和内部流道,去除污垢和堵塞物。对于一些难以清洗的部位,可使用高压水枪进行冲洗,但要注意控制水压,避免损坏微喷头。

2. 检查与调整

定期检查微喷头的安装位置是否发生变动,确保其喷洒范围覆盖均匀，无死角。同时，检查微喷头的喷洒角度是否符合设计要求，若角度发生偏移，可通过调整微喷头的安装支架或连接部件进行校正。此外，还要观察微喷头的喷洒效果，查看水雾是否均匀、细密，有无局部喷洒过强或过弱的情况。若发现喷洒效果不佳，可能是因为微喷头内部的喷嘴磨损或堵塞，需进行清洗或更换喷嘴。在检查过程中，若发现微喷头有破损、变形等情况，应及时更换新的微喷头，以保证灌溉质量。

3. 防冻与防护

在冬季气温较低的地区，当灌溉季节结束后，要及时排空微喷头和管道内的水，防止水结冰膨胀损坏微喷头。对于安装在室外的微喷头，可使用保温材料（如保温棉、泡沫塑料等）对其进行包裹防护，避免微喷头受到低温冻害。同时，在农事操作过程中，要注意避免微喷头受到机械损伤，如被农具碰撞、踩踏等，可在微喷头周围设置明显的标识或防护设施，提醒操作人员注意保护。

(三) 涌泉头维护

1. 日常检查

涌泉头主要用于果园、苗圃等较大面积的灌溉，其维护重点在于日常检查。定期（每周至少 1 次）检查涌泉头的出水流量是否稳定，出水是否均匀。观察涌泉头的周围是否有泥沙、杂草等杂物堆积，若有，应及时清理，防止杂物影响涌泉头的出水效果。同时，检查涌泉头的连接部位是否牢固，有无松动、漏水现象，若发现连接部位松动，需重新拧紧固定螺栓或更换密封件，确保连接紧密，无泄漏。

2. 堵塞处理

当涌泉头出现堵塞时，会导致出水流量减小甚至断流。此时，可先关闭涌泉头所在管道的阀门，然后将涌泉头从管道上拆卸下来，检查其内部是否有杂质堵塞。对于简单的堵塞情况，可使用清水冲洗涌泉头的内部流道，将堵塞物冲出。若堵塞物较为顽固，可使用细铁丝或专用的疏通工具小心地进行疏通，但要注意避免损伤涌泉头的内部结构。清洗疏通完成后，将涌泉头重新安装回管道，并打开阀门进行通水测试，检查涌泉头是否恢复正常工作。

3. 性能调整

根据不同作物的需水要求和种植区域的地形条件，可能需要对涌泉头的出水流量和喷洒范围进行调整。通过调节涌泉头的流量调节装置（如调节螺母、调节阀门等），可改变涌泉头的出水流量。对于一些带有可调节喷洒角度的涌泉头，可根据实际需求调整其喷洒角度，以保证灌溉水能够均匀地覆盖到作物根系区域。在调整涌泉头性能时，要注意逐步进行微调，避免一次性调整过大，影响灌溉效果。

四、连接部件与控制装置维护

（一）连接部件维护

1. 管件连接检查

定期检查管道系统中的各种连接部件，如弯头、三通、直接头、活接头等，查看连接部位是否牢固，密封是否良好。检查管件是否有破损、变形、老化等情况，若发现管件损坏，应及时更换新的管件。对于采用胶水连接的塑料管件，要检查胶水是否有开裂、脱落现象，若胶水失效，需重新进行连接。对于采用螺纹连接的管件，要检查螺纹是否完好，有无松动，可使用扳手适当拧紧螺纹，但要注意避免用力过大导致管件损坏。此外，还要检查连接部位的密封圈是否老化、变形或损坏，若密封圈出现问题，应及时更换新的密封圈，确保连接部位密封可靠，无漏水现象。

2. 软管连接维护

在水肥一体化设备中,软管常用于连接固定管道与移动设备或田间临时灌溉区域。定期检查软管的外观,查看软管是否有破损、老化、裂纹等情况,特别是在软管的弯曲部位和连接部位,要重点检查。若发现软管有破损,可根据破损程度进行修复或更换。对于较小的破损,可使用专用的软管修补胶带进行缠绕修补;对于破损严重的软管,应及时更换新的软管。同时,要注意软管的连接方式,确保软管与管件或设备的连接牢固,可采用管箍、卡套等连接件进行固定,防止软管在使用过程中脱落或漏水。另外,在软管的使用过程中,要避免软管过度弯曲、折叠或受到尖锐物体的划伤,以延长软管的使用寿命。

(二)控制装置维护

1. 阀门维护

阀门是控制水肥一体化系统水流通断和流量的关键部件,其维护至关重要。定期检查阀门的外观,查看阀体是否有破损、腐蚀,阀杆是否生锈、变形,手柄或电动执行机构是否灵活。对于手动阀门,要定期进行开关操作,检查阀门的启闭是否顺畅,密封是否良好。若阀门出现卡顿现象,可能是因为阀杆与阀体之间的润滑不足或有杂质进入,可使用润滑油对阀杆进行润滑,并清理阀体内的杂质。对于电动阀门,要检查电动执行机构的电源连接是否正常,电机运行是否平稳,限位开关是否准确可靠。定期对电动阀门进行调试,确保阀门能够按照控制指令准确地开启和关闭,调节流量到设定值。同时,要检查阀门的密封性能,关闭阀门后,观察阀门下游是否有漏水现象,若有漏水,说明阀门密封不良,需检查密封件是否损坏,及时更换密封件。

2. 控制器维护

水肥一体化设备的控制器用于控制灌溉和施肥的时间、流量、顺序等参数，其正常运行直接影响整个系统的自动化程度和工作效果。定期检查控制器的外观，查看外壳是否有破损，显示屏是否清晰，按键是否灵敏。检查控制器的电源连接是否稳定，电源适配器是否正常工作。定期对控制器进行软件升级，以获取最新的功能和性能优化，同时确保控制器与其他设备（如传感器、电磁阀、施肥泵等）的通信正常。在使用过程中，要避免控制器受到强烈的震动、撞击和潮湿环境的影响，可将控制器安装在干燥、通风、防尘的控制柜内。若控制器出现故障，如显示屏无显示、按键失灵、无法与其他设备通信等，应首先检查电源和通信线路是否正常，若线路正常，可能是控制器内部硬件或软件出现问题，需联系专业维修人员进行检修。

第二节 水肥一体化智能控制系统的维护

一、硬件维护

（一）传感器维护

1. 土壤湿度传感器

（1）清洁与校准

土壤湿度传感器长期埋于土壤中，易受到土壤颗粒、水分、微生物等的影响，测量精度下降。定期（每季度至少 1 次）将传感器从土壤中取出，用清水冲洗干净表面的土壤杂质，但要注意避免损坏传感器探头。清洗后，使用标准湿度溶液对传感器进行校准，将传感器置于已知湿度的溶液中，对比传感器测量值与实际湿度值，若偏差超出允许范围（一般为±5%），需通过校准软件或设备对传感器进行校准调整，确保其测量数据准确可靠。

（2）安装位置检查

检查传感器的安装位置是否发生变动，确保其处于作物根系主要分布区域，且安装深度符合要求。若传感器位置偏移，可能导致测量的土壤湿度不能真实反映作物生长所需的土壤水分状况，从而影响灌溉决策的准确性。如发现位置不当，应及时重新安装传感器至正确位置，并做好固定措施，防止其再次移位。

2. 土壤养分传感器

（1）维护与保养

土壤养分传感器用于监测土壤中的氮、磷、钾等养分含量，其维护要点与土壤湿度传感器类似。定期清洁传感器表面，防止土壤中的杂质、有机物等附着在传感器上，影响检测精度。同时，注意避免传感器受到外力撞击，以免损坏内部检测元件。由于土壤养分传感器较为精密，校准工作相对复杂，一般每年需送至专业检测机构进行校准，以保证其对土壤养分含量测量的准确性。

（2）数据异常处理

在日常使用中，若发现土壤养分传感器测量数据出现异常波动或与实际施肥情况、作物生长状况不符时，应首先检查传感器连接线路是否正常，有无松动、断路等情况。若线路正常，可尝试对传感器进行清洁、重新校准操作。若问题仍未解决，则可能是传感器内部出现故障，需联系专业维修人员进行检修或更换新的传感器。

3. 气象传感器（如风速、光照、温度、湿度传感器等）

（1）清洁与防护

气象传感器通常安装在室外空旷位置，长期暴露在自然环境中，易受到灰尘、雨水、风沙等的侵蚀。定期（每月至少1次）对气象传感器进行清洁，使用干净柔软的布擦拭传感器表面，清除灰尘、污垢等杂质。对于风速、风向传感器，要检查其转动部件是否灵活，有无卡顿现象，如有必要，可添加适量润滑油进行保养。同时，检查传感器的防护装置是否完好，如防雨

第六章 水肥一体化智能技术的维护与管理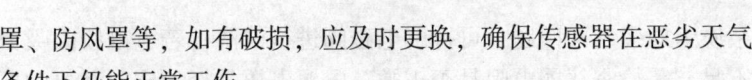

罩、防风罩等，如有破损，应及时更换，确保传感器在恶劣天气条件下仍能正常工作。

（2）校准与数据比对

气象传感器的测量精度直接影响智能控制系统对灌溉与施肥时机、量的判断。定期（每年至少1次）对气象传感器进行校准，可采用标准气象仪器或与周边专业气象站的数据进行比对。若发现传感器测量数据与标准值存在偏差，需按照设备说明书的要求进行校准调整。在数据比对过程中，若发现个别传感器数据与其他同类传感器数据差异较大，应重点检查该传感器是否存在故障，及时进行维修或更换，保证气象数据的准确性和可靠性。

（二）电磁阀维护

1. 外观与密封性检查

定期（每周至少1次）检查电磁阀的外观，查看阀体是否有破损、变形，连接管道是否有松动、漏水现象。对于安装在室外的电磁阀，还要检查其防护涂层是否完好，有无生锈腐蚀情况。若发现阀体破损或连接部位漏水，应及时修复或更换相关部件。同时，检查电磁阀的密封性能，关闭电磁阀后，观察其下游管道是否仍有水流渗漏，若有渗漏，则说明电磁阀密封不良，可能是因为密封垫老化、损坏或阀体内有杂质堵塞，需拆解电磁阀进行检查维修，清洗阀体内杂质，更换损坏的密封垫，确保电磁阀密封可靠，能够正常控制水流通断。

2. 动作灵活性检查

定期手动操作电磁阀，检查其开启与关闭动作是否灵活顺畅，有无卡顿、延迟现象。在智能控制系统运行过程中，也可通过监控软件观察电磁阀的实际动作响应时间与设定时间是否相符。若发现电磁阀动作不灵活，可能是阀芯与阀座之间有杂质卡滞、电磁线圈吸力不足或机械传动部件磨损等原因导致的。对于杂质卡滞引起的问题，可拆解电磁阀进行清洗；若电磁线圈吸力不足，需检查线圈电阻是否正常，电源电压是否稳定，必要时更换电磁线圈；机械传动部件磨损的，要及时更换磨损部件，保证电磁阀能够快速、准确地执行控制指令。

3. 电磁线圈维护

电磁线圈是电磁阀的核心部件，其工作状态直接影响电磁阀的性能。定期检查电磁线圈的温度，在电磁阀正常工作一段时间后，用手触摸电磁线圈表面，若感觉温度过高（一般超过60℃），可能是因为线圈存在短路故障或散热不良。此时，需使用万用表测量线圈电阻，与产品说明书中的标准电阻值进行对比，若电阻值偏差较大，则说明线圈短路，需更换新的电磁线圈。同时，检查电磁线圈的散热环境，确保其周围无遮挡物，通风良好，以保证线圈正常散热，延长其使用寿命。

（三）通信设备维护

1. 无线通信模块

（1）信号强度与连接稳定性检查

定期（每天至少1次）检查无线通信模块的信号强度，通过设备自带的信号指示灯或监控软件查看信号强度。若信号强度较弱，可能会导致数据传输中断或延迟，影响智能控制系统的实时性。此时，需检查通信模块的天线安装位置是否合理，有无遮挡物，尝试调整天线位置或方向，增强信号接收效果。同时，检查通信模块与网络服务器的连接稳定性，查看是否有频繁掉线、重连现象。若连接不稳定，可先检查网络设置是否正确，如APN（接入点名称）设置、用户名与密码等，若设置无误，可能是因为网络信号波动或通信模块故障，需联系网络运营商或设备供应商进行排查解决。

（2）软件升级与参数配置

随着通信技术的不断发展和网络环境的变化，无线通信模块的软件可能需要定期升级，以优化性能、增强稳定性和兼容性。关注设备供应商发布的软件升级信息，按照操作指南及时对通信模块进行软件升级。在升级过程中，要确保设备供电正常，避免升级中断导致设备损坏。此外，还要定期检查通信模块的参数配置，如通信频率、波特率、数据传输协议等，确保其与智能控制系统的其他设备和网络服务器设置一致，保证数据能够准确、快速地传输。

2. 有线通信设备（如以太网交换机、光纤收发器等）

（1）连接状态与线路检查

检查有线通信设备各端口的连接状态，查看网线或光纤是否插紧，端口指示灯是否正常亮起。若某个端口指示灯不亮或闪烁异常，表示该端口连接可能存在问题，需检查网线或光纤是否有破损、折断现象，水晶头或光纤接头是否制作良好。对于有问题的网线或光纤，应及时更换；水晶头或光纤接头制作不良的，重新制作接头，确保通信线路连接可靠。同时，定期检查通信线路的走向，防止线路被挤压、拉扯或遭受外力破坏，对重要通信线路可采取防护套管、线槽等保护措施。

（2）设备性能与网络测试

定期对以太网交换机、光纤收发器等有线通信设备的性能进行测试，使用专业网络测试工具检测网络延迟、丢包率等指标。若网络延迟过高或丢包率较大，可能是因为通信设备性能下降、网络拥塞或存在网络故障。此时，可先检查交换机的端口流量情况，查看是否有某个端口流量过大导致网络拥塞，如有，可通过限制该端口流量或升级网络带宽来解决。若无网络拥塞，则可能是因为通信设备硬件故障，需联系设备供应商进行维修或更换。此外，还要定期对通信设备的软件版本进行检查，及时升级到最新版本，以获取更好的性能和稳定性。

二、平台维护

(一) 系统软件升级

1. 升级计划制订

智能控制系统的软件开发商会根据技术发展、用户需求反馈以及系统运行中发现的问题，定期发布软件升级版本。系统管理员应密切关注软件升级信息，根据农业生产实际情况和智能控制系统的运行状况，制订合理的软件升级计划。升级计划应包括升级时间、升级内容、升级步骤、可能出现的问题及应对措施等。在选择升级时间时，要尽量避开作物生长的关键时期和灌溉、施肥的高峰期，以减少因系统升级对农业生产造成的影响。

2. 升级前准备工作

在进行软件升级前，需做好充分的准备工作。首先，备份智能控制系统的重要数据，包括历史灌溉施肥记录、传感器监测数据、用户设置参数等，以防升级过程中数据丢失。数据备份可采用外部存储设备（如移动硬盘、U盘等）或云存储服务进行备份。其次，检查系统硬件配置是否满足软件升级要求，如服务器内存、硬盘空间、处理器性能等。若硬件配置不足，可能导致升级后的软件运行缓慢甚至无法正常运行，此时需考虑升级硬件设备或对系统进行优化调整。最后，要通知相关操作人员软件升级计划及注意事项，确保他们在升级期间做好相应的工作安排。

3. 升级过程执行与监控

按照升级计划和软件开发商提供的升级指南，逐步执行软件升级操作。在升级过程中，要密切监控升级进度，确保升级程序正常运行，避免出现中断或错误。若升级过程中出现异常情况，如升级失败、系统死机等，不要盲目进行操作，应立即查阅升级说明文档或联系软件开发商的技术支持人员，寻求解决方案。同时，记录升级过程中出现的问题及相关信息,以便后续分析和处理。

4. 升级后系统测试与验证

软件升级完成后,需对智能控制系统进行全面测试与验证,确保升级后的系统功能正常、稳定,数据准确无误。测试内容包括系统各项功能模块的操作是否顺畅、传感器数据采集与传输是否准确、灌溉与施肥控制是否精准、与其他设备的通信是否正常等。通过模拟实际农业生产场景,进行多轮测试,发现并解决升级后可能出现的问题。只有在系统测试通过,各项性能指标满足要求后,才能正式投入使用。

(二) 数据库维护

1. 数据备份与恢复

定期(每周至少 1 次)对智能控制系统的数据库进行备份,以防止因硬件故障、软件错误、病毒攻击、人为误操作等原因导致数据丢失。数据备份可采用全量备份和增量备份相结合的方式。全量备份是对整个数据库进行完整备份,占用存储空间较大,但恢复数据时较为方便;增量备份则是只备份自上次备份以来发生变化的数据,占用存储空间较小,但恢复数据时需要结合之前的全量备份和多个增量备份文件。备份的数据应存储在安全可靠的存储介质中,如专用的备份服务器、异地存储设备或云存储平台等,并定期对备份数据进行完整性和可读性检查,确保备份数据可用。在需要恢复数据时,可根据实际情况选择合适的备份文件,按照数据库恢复操作流程进行数据恢复,尽快使智能控制系统恢复到正常运行状态。

2. 数据库优化

随着智能控制系统的长期运行,数据库中积累的数据量会不断增加,可能导致数据库查询、存储等操作性能下降。为提高数据库性能,需要定期对数据库进行优化。数据库优化措施包括但不限于数据清理、索引优化、查询优化等。数据清理是删除数据库中无用的历史数据,如过期的传感器监测数据、已完成且不再需要的灌溉施肥任务记录等,以减少数据库存储空间占用,提高数据查询效率。索引优化是根据数据库的查询需求,合理创建和维护索引,索引能够加快数据查询速度,但过多的索引也会增加数据插入、更新操作的时间和存储空间,因此需要权衡利弊进行优化。查询优化则是对数据库查询语句进行分析和优化,调整查询逻辑、减少不必要的表链接等,提高查询执行效率。通过定期进行数据库优化,能够确保智能控制系统在数据量不断增长的情况下,仍能保持高效、稳定的运行。

3. 数据库安全管理

智能控制系统的数据库存储着大量与农业生产相关的重要数据,包括作物生长信息、灌溉施肥记录、用户信息等,因此数据库安全至关重要。加强数据库安全管理,采取多种安全措施保障数据安全。首先,设置严格的用户权限管理,根据不同用户的工作职责和需求,分配相应的数据库操作权限,如只读权限、读写权限、管理权限等,确保用户只能在授权范围内访问和操作数据库。其次,采用安全的数据库访问协议和加密技术,对数据库传输的数据进行加密,防止数据在传输过程中被窃取或篡改。最后,定期对数据库进行安全漏洞扫描,及时安装数据库软件开发商发布的安全补丁,防范黑客攻击、病毒入侵等安全威胁。同时,制订完善的数据库安全应急预案,在发生安全事件时能够迅速响应,采取有效的措施保护数据安全,降低损失。

(三) 用户管理与权限设置

1. 用户信息管理

智能控制系统的用户可能包括农场管理人员、技术人员、操作人员等不同角色,系统管理员需对用户信息进行统一管理。建立用户信息数据库，记录用户的姓名、联系方式、所属部门、用户名、密码等基本信息。对于新用户，按照规定的流程进行注册登记，为其分配用户名和初始密码，并通知用户及时修改密码，以保障账户安全。对于离职或岗位变动的用户，及时在系统中注销其账户或调整其用户权限，防止账户被滥用。同时，定期对用户信息进行清理和更新，确保用户信息的准确性和完整性。

2. 权限设置与分配

根据用户在农业生产中的职责和操作需求，为不同用户设置合理的权限。权限设置应遵循最小化原则，即每个用户仅被授予完成其工作任务所需的最小权限，避免权限过大导致系统安全风险增加。例如，农场管理人员可能具有系统全局管理权限，包括查看所有数据、设置系统参数、制订灌溉施肥计划等；技术人员具有设备维护、故障诊断、数据监测分析等权限；操作人员则主要负责执行灌溉施肥任务、查看实时数据等基本操作权限。在进行权限分配时，要详细明确每个用户在系统各功能模块中的操作权限，如对传感器数据的查看、修改权限，对灌溉与施肥设备的控制权限，对系统设置参数的调整权限等。通过合理的权限设置与分配，既能保证用户顺利开展工作，又能有效保障智能控制系统的安全稳定运行。

第三节 水肥一体化的日常运行管理

一、运行前准备工作

（一）人员组织与培训

1. 人员配置

根据水肥一体化系统的规模和复杂程度，合理配置运行管理人员。一般需设置系统操作员、技术维护人员、数据分析员等岗位。系统操作员负责日常灌溉施肥操作,需熟悉设备操作流程和智能控制系统的基本功能;技术维护人员负责设备的日常巡检和简单故障处理,要求具备一定的机械、电气知识和维修技能;数据分析员负责收集、整理和分析系统运行数据,为灌溉施肥决策提供支持,需掌握数据处理和分析软件的使用。对于小型农田的水肥一体化系统,可由一人兼任多个岗位,但要确保其具备相应的综合能力。

2. 岗前培训

新上岗人员必须接受全面的岗前培训,培训内容包括水肥一体化系统的基本原理、设备结构与功能、智能控制系统操作方法、安全操作规程、常见故障及处理措施等。通过理论讲解、现场演示、实际操作等多种方式,使新员工熟练掌握各项技能。培训结束后,需进行考核,考核合格者方可上岗。对于在岗人员,也要定期组织培训,更新知识和技能,了解最新的技术和管理理念,以适应系统运行和农业生产发展的需要。

(二)设备检查与调试

1. 全面检查

在每次灌溉施肥作业前,对水肥一体化设备进行全面检查。检查首部枢纽的水泵、过滤器、施肥装置等设备是否正常运行,各部件连接是否牢固,有无漏水、漏油现象;管道系统是否有破损、堵塞,阀门是否灵活且处于正确启闭状态;灌水器是否堵塞、损坏,安装位置是否准确;智能控制系统的传感器、控制器、通信设备等是否工作正常,数据采集和传输是否准确。对检查中发现的问题,及时进行修复和处理,确保设备处于良好的运行状态。

2. 系统调试

完成设备检查后,进行系统调试。启动水泵,调节管道压力至正常工作范围，检查各部位压力是否稳定；开启施肥装置，测试肥料溶液的输送和配比是否准确；检查灌水器的出水流量和均匀性，如有偏差，进行调整；验证智能控制系统对灌溉施肥的自动控制功能，模拟不同的工况，检查系统是否能根据设定参数和传感器反馈数据准确执行指令。在调试过程中，详细记录各项参数和运行情况，为后续运行管理提供参考。

（三）灌溉施肥计划制订

1. 作物需水需肥规律分析

根据种植作物的种类、生长阶段、土壤条件、气候因素等，分析其需水需肥规律。不同作物在不同生长阶段对水分和养分的需求差异较大，例如，蔬菜在苗期需水量较少，以促进根系发育，而在结果期需水量和需肥量大幅增加；果树在萌芽期、开花期、果实膨大期等阶段对养分的需求也各有侧重。通过查阅相关资料、咨询农业专家或参考以往种植经验，制订科学合理的作物需水需肥方案。

2. 灌溉施肥计划确定

结合作物需水需肥规律、土壤墒情监测数据、气象预报信息等，制订详细的灌溉施肥计划。明确每次灌溉施肥的时间、水量、肥量、肥料种类及配比等参数。计划应具有一定的灵活性，可根据实际情况进行调整。例如，在连续降雨天气，可适当减少灌溉水量；当作物出现缺素症状时，及时调整肥料配方和施肥量。同时，将灌溉施肥计划录入智能控制系统，设置好相关参数，确保系统按照计划自动执行灌溉施肥任务。

二、运行中监控与操作

（一）实时数据监测

1. 传感器数据监测

密切关注智能控制系统中各类传感器采集的数据，包括土壤湿度、土壤养分、气象参数（温度、湿度、光照、风速、降水量等）。实时查看数据是否在正常范围内，若出现异常波动，及时分析原因。例如，土壤湿度传感器数据突然下降，可能是因为传感器故障、土壤水分流失过快或灌溉系统未正常工作；土壤养分数据异常，可能与施肥不均匀、土壤本身变化或传感器精度问题有关。对于异常数据，要及时采取措施进行处理，如校准传感器、排查设备故障等。

2. 设备运行状态监测

通过智能控制系统或现场巡查，监测设备的运行状态。观察水泵的运行声音、振动情况、电流电压等参数，判断水泵是否正常运转；检查过滤器进出口压力差，若压力差过大，表明过滤器堵塞，需要及时清洗；查看施肥装置的肥料溶液液位、输送流量，确保施肥准确；监测管道压力和流量，防止管道爆裂或漏水。同时，注意设备的运行时间，记录累计运行时长，为设备维护提供依据。

（二）灌溉施肥操作

1. 手动操作

在特殊情况下，如智能控制系统故障、需要进行局部灌溉施肥或进行设备调试时，可采用手动操作方式。在手动操作前，操作人员需熟悉设备的操作流程和安全注意事项，严格按照操作规程进行操作。开启水泵、阀门，调节管道压力和流量，控制施肥装置的施肥量，确保灌溉施肥作业的准确性。在操作过程中，密切观察设备运行情况和灌溉施肥效果，发现问题及时调整。

2. 自动操作

在正常运行情况下，优先采用智能控制系统的自动操作模式。系统根据预设的灌溉施肥计划和传感器反馈数据，自动控制水泵、阀门、施肥装置等设备的运行，实现精准灌溉施肥。操作人员需定期查看系统运行状态,确保自动操作正常进行,防止出现意外情况。如发现系统未按计划执行或出现异常,及时切换到手动操作模式,并进行故障排查和处理。

(三)异常情况处理

1. 设备故障处理

在运行过程中,若设备出现故障,如水泵不启动、管道漏水、施肥装置堵塞等,操作人员应立即停止相关设备运行,并采取安全防护措施,防止事故扩大。根据故障现象,结合设备维护知识和经验,初步判断故障原因,进行简单的维修处理。对于无法自行解决的故障,及时通知技术维护人员或设备供应商的售后服务人员,详细描述故障情况,协助维修人员进行故障排除。在故障处理过程中,做好记录,包括故障发生时间、现象、处理过程和结果等,以便后续分析和总结。

2. 数据异常处理

当传感器数据或系统运行数据出现异常时,首先检查传感器是否正常工作,如检查传感器的连接线路是否松动、损坏,传感器探头是否被污染或损坏等。若传感器发生故障,及时进行修复或更换。对于数据异常但传感器正常的情况,分析系统参数设置是否错误、数据传输有无故障或是否受外部环境因素影响。例如,气象数据异常可能是因为传感器安装位置不当或受到干扰;土壤养分数据异常可能与施肥不均匀或土壤变化有关。根据具体原因,采取相应的处理措施,如调整系统参数、修复数据传输线路、重新校准传感器等。

3. 突发情况应对

在运行过程中,可能会遇到突发情况,如暴雨、大风、停电等。遇到暴雨天气,及时关闭灌溉系统,防止雨水倒灌进入管道和设备,造成损坏;同时,检查农田排水情况,避免积水影响作物生长。大风天气,加强对设备和管道的巡查,防止设备被风吹倒、管道被刮断。遇到停电情况,若预计停电时间较短,可等待电力恢复;若停电时间较长,关闭所有设备电源,将手动阀门调整到合适位置,防止来电后设备自动启动引发安全事故。在突发情况结束后,对设备进行全面检查,确保设备正常运行后,再恢复灌溉施肥作业。

三、运行后收尾工作

(一) 设备清洁与整理

1. 首部枢纽清洁

灌溉施肥作业结束后,对首部枢纽的设备进行清洁。清洗肥料罐,将罐内剩余的肥料溶液排空,用清水冲洗罐体内部,去除残留的肥料结晶和杂质;清理过滤器,按照过滤器的清洗方法进行操作,确保过滤器的过滤效果;擦拭水泵、施肥泵等设备的表面,去除灰尘和油污。同时,检查首部枢纽各设备的连接部位,重新紧固松动的螺栓,更换损坏的密封件,为下次运行做好准备。

2. 管道系统清洁

使用清水对管道系统进行冲洗,将管道内残留的肥料和杂质冲洗干净,防止肥料结晶堵塞管道和灌水器。冲洗时,可适当提高水流速度,确保冲洗效果。对于滴灌系统,在冲洗过程中,逐个打开滴灌管末端的堵头,将管道内的水排空,避免积水滋生细菌和藻类。冲洗完成后,关闭所有阀门,将管道系统整理好,防止管道受到损坏。

3. 灌水器清洁

对滴头、微喷头、涌泉头等灌水器进行清洁。对于可拆卸的灌水器,将其从管道上取下,用清水冲洗或进行疏通处理;对于

第六章 水肥一体化智能技术的维护与管理

不可拆卸的灌水器，采用反向冲洗等方法进行清洁。在清洁过程中，检查灌水器是否损坏，如有损坏，及时进行更换。同时，清理灌水器周围的杂草和杂物，确保灌水器的正常工作环境。

(二) 数据记录与分析

1. 数据记录

每天运行结束后，记录当天的灌溉施肥数据，包括灌溉时间、灌溉水量、施肥时间、施肥量、肥料种类及配比等；记录设备运行状态数据，如水泵运行时间、电流电压、过滤器压力差等；记录传感器监测数据，如土壤湿度、土壤养分、气象参数等。将数据准确、完整地记录在专门的表格或数据库中，以确保数据的可追溯性。

2. 数据分析

定期对记录的数据进行分析，评估灌溉施肥效果和系统运行效率。分析土壤湿度数据，判断灌溉水量是否合理，是否满足作物生长需求；分析施肥数据，评估肥料的利用率和对作物生长的影响；通过对比不同时间段的数据，了解系统运行的变化趋势，发现潜在问题。例如，若发现某一区域土壤湿度持续偏低，需调整灌溉策略或检查灌溉设备；若发现施肥后作物生长效果不佳，需重新评估肥料配方和施肥方法。根据数据分析结果，总结经验教训，为后续灌溉施肥计划的调整和系统运行管理提供参考依据。

(三) 工作总结与计划调整

1. 工作总结

每周或每月对水肥一体化系统的运行管理工作进行总结。总结内容包括本周或本月的灌溉施肥作业情况、设备运行状况、数据监测分析结果、异常情况处理过程及效果等。分析工作中存在的问题和不足之处，提出改进措施和建议。

2. 计划调整

根据工作总结和数据分析结果，对灌溉施肥计划进行调整。结合作物生长阶段的变化、土壤墒情和气象条件的变化，合理调整灌溉水量、施肥量、施肥时间和肥料配方等参数。例如，在作物生长旺盛期，适当增加灌溉水量和施肥量；在干旱天气，提前安排灌溉作业。同时，对设备维护计划、人员培训计划等进行相应调整，确保水肥一体化系统持续高效运行，满足农业生产的需求。

第七章 水肥一体化智能技术在不同作物上的应用

第一节 粮食作物水肥一体化智能技术

一、小麦水肥一体化技术

(一) 华北黄淮及汾渭平原灌溉冬麦区水肥一体化技术

主要包括北京、天津、河北、河南、山东、江苏和安徽两省淮河以北地区、陕西关中和山西汾河谷地等冬小麦区域，适宜采用地面滴灌、浅埋滴灌、地埋渗灌、地埋可伸缩喷灌、微喷带喷灌、半固定式或移动式喷灌等方式实现水肥一体化。

1. 整地和选种

前茬作物秸秆粉碎 2 遍高质量还田，多年还田地块可秸秆离田，旋耕 2 遍，深度 15 厘米以上。多年旋耕地块一般每 3 年深松或深翻 1 次，深度 35 厘米以上，打破犁底层。耕后趁墒耙地，做到耕层上虚下实，地面平整、无明显土块。盐碱地块要减少深翻作业，可沟播种植，集雨避盐，减轻盐碱危害。选用通过审定、适宜当地种植的节水耐旱、高产稳产、抗病抗逆的小麦品种，避免抗寒能力弱的春性品种和自留种。种子要经过包衣处理，或者根据种植区域常发病虫害进行药剂拌种。

2. 播种和铺管

适墒适期适量播种，一般在耕层土壤相对湿度 75% 左右播种,若墒情不足,需提前造墒或播后滴水出苗,播种深度在 3~5 厘米。过早播种易形成冬前旺苗,增加冻害风险,可在适宜播期内稍晚播种。高产攻关田基本苗宜为 15 万~18 万株/亩,按照"斤[①]籽万苗"规律,结合生态区域特点,肥力正常地块播种量建议 8~15 千克/亩;晚于适播期的,每晚播 1 天,每亩播种量增加 0.5 千克。播后 1~3 天适时镇压。选用带有铺管功能的北斗导航播种机一次性完成播种铺管作业。

3. 灌溉施肥策略

底肥结合整地或播种机施,一般全生育期氮肥 30%~40%、磷肥 80%~100%、钾肥 50%~70% 底施,有条件区域增施有机肥。全生育期施氮（N）15~20 千克/亩、磷（P_2O_5）8~12 千克/亩、钾（K_2O）6~10 千克/亩。麦玉轮作区,配合玉米晚收技术,可在玉米灌浆后期采用"一水两用"技术,即在玉米收前每亩滴水 25~30 米^3,待田间土壤适耕时,机械收获玉米,并精细整地、趁墒播种小麦。小麦全生育期滴灌或喷灌 4~7 次,每次灌水量 15~25 米^3/亩,灌溉定额每亩 90~200 米^3。起身、拔节、孕穗和灌浆是冬小麦水肥需求关键期,追肥宜分 2~4 次随水滴施。石灰性土壤或缺锌地块追施硫酸锌 1~2 千克/亩。

4. 其他配套措施

一是杂草秋治,重点防治雀麦、节节麦等禾本科恶性杂草和荠菜等阔叶杂草。二是镇压控旺,对于旺长麦田在冬前和早春返青后进行镇压。三是早春病虫草害防治,重点是茎基腐病、纹枯病、根腐病等病害防控与返青期阔叶杂草的防治。四是合理化控,对旺长麦田和增密麦田,在起身期前后喷施化控药剂。五是应对"倒春寒",可在降温前灌水,或降温冻害后巧施肥水、喷

[①] 1 斤 = 0.5 千克。全书同。

施叶面肥等，降低冻害影响。六是做好"一喷三防"，选用低毒高效药剂、生长调节剂、叶面肥科学混配喷施，防病虫，防早衰，防干热风，增粒重。七是滴灌带防虫咬，在封冻水或返青期选择相关药剂滴灌，防止鼠虫咬破滴灌带。

（二）长江中下游冬麦区水肥一体化技术

主要包括湖北、湖南、江西、浙江和上海，河南省南部，安徽和江苏两省淮河以南地区。本区域水资源丰富，降水丰沛，可采取软管输水+小畦灌溉、低压微喷带，或小型移动式、固定式和半固定式喷灌等实现冬小麦水肥一体化。

1. 整地和选种

稻茬小麦于水稻收获前7~10天及时放水晒田，水稻留茬及秸秆粉碎彻底，提高秸秆还田质量，耕翻后应及时耙实、镇压，使土壤细碎，上松下实，底墒充足，防止水分散失。选择经过审定且适宜当地气候条件，尤其是抗湿、抗病和稳产性良好的品种；落实种子包衣、药剂拌种技术，合理选用杀菌剂和杀虫剂混用配方进行拌种，减少"白籽"下地。

2. 适墒适期播种

播种时耕层适宜土壤相对湿度为70%~80%，长江中游的北部地区适宜播期为10月20—30日，南部地区适宜播期为10月25至11月5日；长江下游地区宜集中于10月下旬至11月上旬播种。

3. 灌溉施肥策略

该区域降水充沛，灌溉水源多为山塘、水库、湖泊、江河等，可结合降水或灌水，进行追肥，实现水肥耦合。产量水平为500千克/亩以上地块，推荐用40~45千克/亩冬小麦配方肥作基肥，起身至拔节期结合灌水追施尿素12~20千克/亩、氯化钾4~6千克/亩。在一些微量元素缺乏的地区，可结合病虫草害防治,在小麦拔节期、孕穗期和灌浆期喷施微量元素水溶性肥料。强中筋小麦适当增加氮钾肥用量和后期追肥。

4. 其他配套措施

一是"三沟"配套。稻茬麦区要开好排水沟,确保内外"三沟"相通,排灌通畅,降渍防旱。控制好最后上水时间,为小麦耕作播种创造好的墒情条件。二是病虫害防治。重点是以赤霉病、锈病、纹枯病、白粉病、麦蚜为主,兼顾黑穗病、黄花叶病、黄矮病、麦蜘蛛等病虫害。三是应对"倒春寒",可在降温前灌水,或降温冻害后巧施肥水、喷施叶面肥等,降低冻害影响。四是做好"一喷三防",选用低毒高效药剂、生长调节剂、水溶性肥料科学混配喷施,预防干热风,提高灌浆强度,促大穗、增粒重。

(三) 西北内陆灌溉麦区水肥一体化技术

包括内蒙古西部、宁夏北部、甘肃中西部、青海东部和新疆。本区域降水量少、蒸发量较大,适宜推广浅埋滴灌水肥一体化模式,按照"增密、降高、精准调控"思路构建高产小麦群体。

1. 整地和选种

前茬作物收获后及时旋耕20厘米以上,整地要达到犁条直、垡块松碎,播种前精细耙糖。多年旋耕地块一般每3年深松或深翻1次,深度35厘米以上,打破犁底层。针对灌区气候特点、栽培管理水平等情况,选择抗寒能力中等以上、抗旱、抗倒伏、抗病性强的品种。播前种子包衣,包衣剂可用含有黏结剂的杀虫剂、杀菌剂、复合肥料、微量元素、生长调节剂等配合制剂。

2. 播种和铺管

适期适墒播种,冬小麦要确保入冬前形成1~2个大分蘖。不同品种春小麦播量要根据分蘖成穗特性、播种方式、种子质量、土壤地力等统筹考虑,建议每亩播量为18~25千克。播种采用北斗导航播种机,实现播种、铺管一次性完成,小麦平均行距 15 厘米。

3. 灌溉施肥策略

滴水出苗,保证出苗整齐一致。根据小麦的水肥需求规律,做好水肥调控。一般冬小麦全生育期灌水 7~8 次(包括出苗水),春小麦全生育期灌水 6~8 次(包括出苗水),灌溉定额 250~300 米^3,随水施肥 4~6 次。高产小麦全生育期每亩氮(N)推荐施用量为 13~22 千克、磷(P_2O_5)为 7~12 千克,钾(K_2O)为 6~10 千克。少量的氮钾肥、大部分磷肥播种前作底肥施入。追肥以尿素、磷酸一铵、硫酸钾、氯化钾等水溶性肥料为主。

4. 其他配套措施

一是科学化控。对于旺长麦田和易倒伏品种,可在小麦起身至拔节期,每亩用 50%矮壮素水剂 200~300 毫升,兑水 30 千克喷施。二是病虫害综合防治。选用吡唑醚菌酯、戊唑醇、苯醚甲环唑防治条锈病、白粉病、赤霉病,选用啶虫脒、吡虫啉防治蚜虫。三是做好"一喷三防"。选用低毒高效药剂、生长调节剂、水溶性肥料科学混配喷施,预防干热风,提高灌浆强度,增加粒重。

二、玉米水肥一体化技术

(一)东北及长城沿线春玉米水肥一体化技术

主要包括东北中西部、内蒙古东部和中部、华北北部和黄土高原等春玉米区域。具有喷滴灌设施条件的半干旱半湿润区域,适宜采用浅埋滴灌、膜下滴灌、地埋渗灌等技术。

1. 播种及铺管

一是精细整地。整地要掌握好"平、碎、匀"要点,地面平整、无明显土块。二是适时播种。耕层 5 厘米处地温稳定超过 10~12℃时适墒播种,覆膜地块可适当提前。三是播种铺管。选用带有北斗导航功能的机械,一次性完成施肥、播种、铺管、铺膜、压膜、覆土等作业,一般1条滴灌带灌溉2行玉米,大小行播种时滴灌管布置在窄行中间。四是合理增密。选择经国家或省级审定,在当地已种植并表现优良的耐密高产品种,较非水肥一体化管理,适当增加播种密度10%~30%。

2. 灌溉施肥策略

底肥建议施用玉米配方肥20~25千克/亩,施肥时肥料距种子侧5~10厘米、深7~10厘米,推荐选用具有保水、生根等作用的功能肥料。膜下滴灌玉米全生育期灌水6~10次,每次灌水量10~30米^3/亩,灌溉定额每亩100~250米^3,浅埋滴灌单次灌水量较膜下滴灌高3~5米^3/亩。玉米播种后即滴灌出苗水,同时随水滴施高磷中氮低钾型水溶性肥料或磷酸一铵3~5千克/亩,有利于出苗快而齐。拔节至抽雄前分2次随水滴施高氮低磷中钾型水溶性肥料5~10千克/亩。抽雄期滴施中氮低磷高钾型水溶性肥料7~9千克/亩。灌浆期至乳熟期,追施中氮高钾型水溶性肥料3~5千克/亩。全生育期施氮(N)13~20千克/亩、磷(P_2O_5)6~10千克/亩、钾(K_2O)6~12千克/亩。

3. 控旺防倒防病虫

地下害虫严重地块,结合滴出苗水每亩滴施辛硫磷60~80克。增密地块在6~8展叶期喷施控旺剂,控制穗位高度、增粗基部茎节,提高玉米抗倒伏能力。播后苗前和苗后及时喷施除草剂防除杂草,孕穗期防控玉米螟和中后期茎腐病及叶斑类病害。

(二)西北内陆灌区和沿黄灌区春玉米水肥一体化技术

主要包括新疆、河西走廊等西北内陆灌区以及甘肃、宁夏和内蒙古等沿黄灌区。西北内陆灌区属于降水量少、蒸发量较大的干旱半干旱地区,适宜推广玉米膜下滴灌水肥一体化技术;沿黄灌区宜推广黄河水直滤滴灌水肥一体化技术,破解黄河水泥沙过滤难题。

1. 选配品种及科学播种

针对灌区气候特点、栽培管理水平等实际情况，选择耐密性好、穗位低、抗倒伏能力强的高产多抗品种。播前种子包衣，提高玉米抗逆性。播种深度一般4~6厘米，大小行播种时，大行距一般70~80厘米，小行距一般30~40厘米。合理增加播种密度，河西灌区、河套灌区等高产地块播种量一般可增加到6 500~7 000株/亩，具体因品种而异。

2. 机械覆膜铺管一体

建议采用具有北斗导航功能的播种机，一次性完成施肥、播种、铺管、铺膜、压膜、覆土等作业，滴灌带间距90~120厘米，1条滴灌带灌溉2行玉米，大小行播种时滴灌管布置在窄行中间。膜下滴灌建议选用厚度适宜的全生物降解地膜（具体型号因种植模式而异），膜上每2米处覆土，以防跑墒或大风刮破地膜。

3. 灌溉施肥策略

玉米全生育期一般灌水8~12次，灌水定额每亩145~320米^3。播种后即灌水1次滴水出苗，灌水量15~30米^3/亩。有条件地区在秋翻地时施用腐熟有机肥2~3吨/亩，底肥建议施用玉米配方肥20~30千克/亩，推荐选用具有保水、生根等作用的功能肥料。强化玉米中后期水肥供给，分别于拔节期、拔节—大喇叭口期、大喇叭口—吐丝期追施4~5次高氮型水溶性肥料，吐丝—灌浆期追施2~3次中氮高钾型水溶性肥料，共追氮（N）13~20千克/亩、磷（P_2O_5）6~10千克/亩、钾（K_2O）4~10千克/亩，施肥量可根据土壤地力、目标产量等调整。

4. 控旺防倒防病虫

对于地下害虫严重地块，结合滴出苗水滴施辛硫磷。膜下滴灌玉米田间小气候较为干燥，应加强叶螨的综合防治，并重点注意玉米螟、黏虫、草地螟的防治。在玉米 6~8 展叶期喷施控旺剂，控制穗位高度、增加基部茎节粗度，提高玉米抗倒伏能力。播后苗前封闭除草，减少杂草发生。

（三）华北黄淮和汾渭平原夏玉米水肥一体化技术

主要包括河北、河南、山东、江苏和安徽淮河以北地区、陕西关中和山西汾河谷地，以小麦—玉米轮作为主，适宜采用地面滴灌、浅埋滴灌、深埋渗灌、地埋可伸缩喷灌、行走式喷灌机等方式实现水肥一体化。

1. 品种选择及处理

选择紧凑耐密、抗病、抗倒、宜机收、经过包衣处理的中晚熟夏玉米品种。若没有包衣处理，可根据种植区域常发病虫害进行拌种。例如，选择戊唑·吡虫啉等高效低毒种衣剂包衣，控制苗期灰飞虱、蚜虫、丝黑穗病等；用辛硫磷等药剂拌种，防治地老虎、金针虫、蛴螬等地下害虫。

2. 播种与铺管

贴茬直播，宜采用等行距机械播种；灭茬直播，可采用等行距或大小行机械播种，大行距一般 70~80 厘米，小行距一般 30~40 厘米，播种深度为 3~5 厘米。根据品种耐密性合理增加密度，紧凑型品种亩留苗 5 000~6 000 株，半紧凑型品种亩留苗 5 000~5 500 株。麦玉轮作一年两熟的浅埋滴灌田，在小麦播种时铺设滴灌带，玉米直接在滴灌带中间行播种。上茬无滴灌带的夏玉米田，前茬如有秸秆宜先进行秸秆粉碎或清理，再进行铺管。地埋渗灌、地埋可伸缩喷灌等水肥一体化管道一般在小麦播种前施工铺设。

3. 灌溉施肥策略

该区域玉米生长期正值雨热同期，可结合降水情况进行测墒补灌施肥。播种后 0~20 厘米土壤相对湿度小于 65%时，滴灌出苗水 15 米³/亩左右；为预防地下害虫，可在滴出苗水时滴施辛硫磷。拔节期 0~40 厘米土壤相对湿度小于 70%时灌水 15~20 米³/亩；大喇叭口期至灌浆期 0~40 厘米土壤相对湿度小于 75%时灌水 20~25 米³/亩。在施肥方面，总养分量建议氮（N）15~20 千克/亩、磷（P_2O_5）6~8 千克/亩、钾（K_2O）8~10 千克/亩，其中 70%~80%的氮、40%左右的钾及 20%左右的磷分 3~4 次在拔节至灌浆期随水追施。石灰性土壤或缺锌地块增施硫酸锌 2 千克/亩。

4. 其他配套措施

一是杂草防除"封定结合"，采用播后芽前封闭与苗后茎叶定向喷药相结合的方法防除杂草。优先选择播后芽前封闭除草，减轻苗后除草压力。二是控旺防倒伏。玉米前期控制氮肥施用量，避免植株徒长；在 6~8 展叶期科学喷施控旺剂，缩短节间，增强抗倒伏能力。三是适时晚收，待籽粒乳线基本消失、基部黑层出现后机械收获。

三、马铃薯水肥一体化技术

（一）东北地区马铃薯膜下滴灌水肥一体化技术

国家马铃薯产业技术体系呼和浩特综合试验站，集成抗旱品种、种薯处理技术、合理密植技术、水肥一体化膜下滴灌技术、平衡施肥技术、农机配套技术、病虫害综合防控技术等，经过多年多点试验与示范，总结提出了马铃薯膜下滴灌水肥一体化高产高效生产技术。

1. 耕翻整地

深耕土壤 35~40 厘米，耕翻时每亩施优质农家肥 1 500~2 000 千克，耕后用旋耕机整地，达到地平土碎的效果。

2. 选用良种

选用高产抗旱脱毒种薯,每亩 3 500~3 800 株,每亩用种量 140~150 千克。

3. 种薯处理

(1) 催芽

播种前 10~15 天,将种薯放在 18~20℃ 的室内,3~5 天翻动 1 次,10 天左右长出 0.5~1.0 厘米的粗壮紫色芽后即可切块播种。

(2) 切种

切块大小为 35~40 克,并要保证有 1~2 个健全的芽眼;切块时要用 0.5% 的高锰酸钾水溶液进行切刀消毒,两把刀交替使用,及时淘汰病烂薯。

方法:50~100 克种薯,纵向一切两瓣;100~150 克种薯,纵斜切法一切三开;150 克以上的种薯,从尾部依芽眼螺旋排列的纵斜方向,向顶部斜切成立体三角形的若干小块。

(3) 拌种

用甲基硫菌灵、微生物菌剂和滑石粉均匀混合,进行拌种。拌种后忌积堆。

4. 建立滴灌系统及铺设方式

(1) 滴灌系统建立

根据土壤质地、地形、栽植规格、水源、电力等基本情况,确定合理的管道系统,再根据有效湿润区的面积和土层深度、滴头间距、毛管大小及最大铺设长度等建立灌溉系统。如果是利用冬闲的水稻田种植马铃薯,则需采用可回收的滴灌系统,以便马铃薯收获后不影响翌年的早稻种植。通常用薄壁滴灌带,滴头间距 20~30 厘米,流量 1.0~1.5 升/时,铺在两行马铃薯之间,放在土面上,首部可固定或移动。如果场地允许,可在田头建一座泵房,将首部安装在泵房里;如果没有场地,可将柴油机水泵或汽油机水泵和过滤器组装在一起成移动式。灌溉以少量多次为原则，每次灌溉面积5~10亩，时间为2~4小时。

（2）滴灌系统铺设方式

滴灌带南北方向铺设，滴灌带间距85厘米，管径16毫米，滴头间距30厘米，滴头流量1.2~1.4升/时。主管道铺设应尽量放松扯平，自然通畅，不宜拉得过紧，不宜扭曲。滴灌带在马铃薯播种后由机械将垄顶刮平后铺设，第一次中耕时覆土将滴管带埋入土中，为避免滴管带压扁，此时应打开滴灌系统使滴管带处于滴水状态。

5. 适时播种

（1）种肥

每亩施马铃薯复合肥120千克、磷酸二铵20千克。

（2）播种方式

地膜宽1.1米，机械覆膜点播，覆膜后起垄占地0.7米宽，播种深度一般砂壤土为20厘米，黏土为15厘米。

（3）种植密度

每亩3 500~3 800株，即大行距130厘米、小行距30厘米，株距22~24厘米。

（4）播种时间

土壤25厘米深处地温达到8~10℃时播种，一般在4月下旬至5月上旬。

6. 田间管理

（1）出苗前

播后要防止牲畜践踏，大风破膜、揭膜，出苗前10天左右要用中耕机及时进行覆土，以防烧苗；出苗期要观察放苗。

（2）浇水追肥

采用管道施肥操作，只要将肥料（固体或液体）倒入施肥罐或肥料池，启动施肥泵，系统吸水与吸肥会同时进行，所有肥料在灌溉时由水泵吸入滴灌系统，做到施肥不下田，水、肥会随着灌溉系统运输到马铃薯根部。每种肥料最好单独施用，肥料之间不会存在相互反应，如施完尿素施氯化钾、施完硫酸镁施磷酸二铵等。施肥后保证有足够的时间冲洗管道，这是防止藻类生长堵塞系统的重要措施。冲洗时间与灌溉区的面积有关，滴灌一般为 15~30 分钟，微喷 5~10 分钟。收获前，将田间滴灌管和输水管收好以备翌年使用。

①第一次滴灌。播后根据土壤墒情滴灌补水，土壤湿润深度应控制在 1 厘米以内，避免浇水过多而降低地温从而影响出苗，造成种薯腐烂。第一次滴灌时，须严查各滴灌带连接是否可靠。

②第二次滴灌。出苗前，及时滴灌出苗水，使土壤湿润深度保持在 35 厘米左右，土壤相对湿度保持在 60%~65%。

③第三次滴灌。出苗后 15~20 天，植株需水量开始增大，应进行第三次滴灌，使土壤相对湿度保持在 65%~75%，土壤湿润深度为 75 厘米。结合滴灌进行追肥，每亩追施尿素 3 千克。每次施肥时，先浇 1~2 小时清水，然后开通施肥罐进行追肥，施完肥后再浇 1~2 小时清水。

④中期滴灌。在现蕾期、盛花期，根据土壤墒情进行滴灌 2~3 次，结合滴灌进行追肥，每次每亩追施尿素 3 千克、硝酸钾 3~5 千克。保持土壤湿润深度 40~50 厘米，每次施肥时，先浇 1~2 小时清水，然后开通施肥罐进行追肥，施完肥后再浇 1~2 小时清水。

⑤中后期滴灌。在块茎形成期至淀粉积累期，应根据土壤墒情和天气情况及时进行灌溉。始终保持土壤湿润深度 40~50 厘米，土壤水分状况为田间持水量的 75%~80%。可采用短时且频繁的灌溉方式。

⑥后期滴灌。终花期后，滴灌间隔的时间拉长，保持土壤湿润深度达 30 厘米，土壤相对湿度保持在 65%～70%。黏重的土壤收获前 10～15 天停水。砂性土收获前 1 周左右停水，以确保土壤松软，便于收获。

⑦叶面施肥。在块茎膨大期、淀粉积累期用磷钾肥各喷施 1 次，用量 100 克/亩；在现蕾期、开花期、末花期各喷施多元微量元素肥料 1 次，每次用量 200 克/亩。

7. 杀秧收获

杀秧前要及时拆除田间滴灌管和横向滴灌支管。可用杀秧机机械杀秧。机械杀秧或植株完全枯死 1 周后，选择晴天进行收获。尽量减少破皮、受伤，保证薯块外观光滑，提高商品性。收获后薯块在黑暗下储藏以免变绿，影响其食用性和商品性。

(二) 西北地区马铃薯滴灌水肥一体化技术

1. 地块选择

马铃薯不适合连作，种植马铃薯的地块要选择上一年没有种植过马铃薯或茄科作物的地块。马铃薯与水稻、玉米、麦类等作物轮作效果较好。马铃薯生长需要 15～20 厘米的疏松土层，整地时一定要将大的土块破碎，使土壤颗粒大小适中。有机肥可以在整地时施入并混合均匀。当用化肥作基肥且施肥量较大时，可在整地时施入，否则在播种时将肥料集中施在播种沟内或播种穴内。

2. 播种时期

确定马铃薯播种时期的重要条件是生育期的温度，原则上要使马铃薯结薯盛期处于平均温度 15～25℃ 的条件下。适于块茎持续生长的时间越长，产量也越高。一般当土壤 10 厘米深处温度稳定在 7～8℃ 时就可以播种。

3. 播种深度

播种深度受土壤质地、土壤温度、土壤含水量、种薯大小与生理年龄等因素的影响。当土壤温度低、土壤含水量较高时,应浅播,覆土厚度 3~5 厘米。当土壤温度较高、土壤含水量较低时,应深播,盖土厚度 10 厘米左右。种薯较大时应适当深播,而种植微型薯等小种薯时应适当浅播。老龄种薯应在土壤温度较高时播种,并比生理壮龄的种薯播得浅一些。土壤较黏时,播种深度应浅些;土壤砂性较强时,应适当深播一些。

4. 种薯准备

(1) 种薯选择

马铃薯的休眠期一般为 2~3 个月,但同一品种的微型薯休眠期长于普通种薯的休眠期。一般用生理壮龄的块茎播种,才能做到出苗快、出苗整齐、根系发达、叶面积发展快、产量高。

(2) 切薯

种薯块茎较大时,通过切种可以节省大量种薯,提高繁殖系数。切块时应使用刀口锋利的刀具,最好每人准备两把刀具进行切块。切块的大小以 35~45 克为宜,每个切块必须带 1~2 个芽眼。切块时应尽量切成小立方块,切忌切成小薄片。50 克左右的小种薯可从顶芽密集处垂直切下,一分为二,每块所带芽眼相近。由于大块茎的芽眼呈螺旋状分布,因此也可以按螺旋状块茎切块。30 克以下的小种薯不用切块。

5. 催芽

催芽是马铃薯高产栽培中的一项重要措施,能保证种薯生理年龄达到壮龄,萌发的芽长度适当、强壮。播前催芽可以促进早熟,提高产量。催芽过程中可淘汰烂薯,减少播种后病株率或缺苗断垄,有利于全苗壮苗。催芽方法主要有变温处理、赤霉素处理、硫脲处理、二硫化碳处理、溴乙烷处理等。无论是通过自然休眠还是用以上方法打破休眠的种薯,达到生理壮龄时再播种才能取得理想的效果。

第七章 水肥一体化智能技术在不同作物上的应用

6. 播种密度

一般情况下,如在春季种植,种薯生产的播种密度应当以每亩 5 000 株以上;早熟品种的播种密度应当在每亩 4 000~5 000 株为宜;晚熟品种的播种密度以每亩 3 000~3 500 株为宜。

7. 建立滴灌系统及铺设方式

(1) 滴灌系统建立

根据土壤质地、地形、栽植规格、水源、电力等基本情况,确定合理的管道系统,再根据有效湿润区的面积和土层深度、滴头间距、毛管大小及最大铺设长度等建立灌溉系统。通常用薄壁滴灌带,滴头间距 20~30 厘米、流量 1.2~1.5 升/时,铺在两行马铃薯之间,放在土面上,首部可固定或移动。田间建一泵房,将首部安装在泵房里,灌溉以少量多次为原则,每次灌溉面积为 6~8 亩,时间为 2~3 小时。

(2) 滴灌系统铺设方式

滴灌带沿南北方向铺设,滴灌带间距 85 厘米,管径 16 毫米,滴头间距 30 厘米,滴头流量 1.3~1.5 升/时。管道铺设同"东北地区马铃薯膜下滴灌水肥一体化技术"。

8. 水肥管理

(1) 发芽期(播种至出苗)

发芽期主要是芽条生长和根系萌发,需要的营养和水分主要靠种薯提供,因此地温和土壤墒情是关键,要防止牲畜踩踏、大风破坏地膜,出苗后应及时放苗,并用土压实出苗孔,以防窜风烧苗。此阶段要根据天气及土壤墒情,适时滴灌,若土壤墒情良好,一般不需要滴灌;如土壤异常干旱,则应及时滴灌补水,控制土壤润湿深度在 15 厘米以内,以避免过多滴水降低地温而影响出苗,甚至导致种薯腐烂。首次滴灌时,应注意检查各滴灌带连接是否牢固,如有漏水应及时处理。

(2) 幼苗期（出苗至现蕾）

马铃薯进入幼苗期以壮苗和促秧为主，植株需水量逐渐增加，应早浇水早施肥，滴灌 1~2 次，每次滴水量 150~180 米^3/公顷，并冲施 1 次高氮低钾型肥料 31.5 千克/公顷，保持土壤相对湿度在 65%~75%，土壤润湿深度约 35 厘米。

(3) 块茎形成期（现蕾至始花）

块茎形成期是追肥、灌水最重要的时期，要滴灌 2~3 次，每次滴水量 225~300 米^3/公顷，并结合水肥一体化系统进行施肥，每次使用高氮低钾型冲施肥 31.5 千克/公顷，保持土壤润湿深度在 35~40 厘米。施肥前应先滴水 1 小时左右，然后开通施肥罐进行追肥，施肥后再滴水 1.5 小时左右，以防肥料堵塞滴管孔。

(4) 块茎膨大期（始花至盛花）至淀粉积累期（盛花至成熟）

块茎膨大期是马铃薯需水肥最多的时期，采用水肥一体化系统滴灌 3~4 次，每次滴水量 225~300 米^3/公顷，并追施硫酸钾镁肥 60 千克/公顷。始终保持土壤润湿深度在 35~40 厘米。土壤相对湿度应控制在 75%~80%，可采用短时多次的滴灌方法。此外，在块茎膨大期、淀粉积累期还需进行 1 次磷钾动力叶面肥喷施，用量为 1.5 千克/公顷；在现蕾期、开花期、末花期各喷施 1 次多元微量元素肥料，每次用量 3 千克/公顷。

(5) 成熟及收获期

成熟及收获期的茎叶停止生长但块茎质量增大仍在继续，应适当延长滴灌间隔时间，只要保持土壤不缺乏水分即可，停止施肥。对于黏性土壤，收获前 10~15 天应停止滴水；对于砂壤土，收获前 1 周应停止滴灌，以确保土壤疏松，便于收获。

9. 收获

当马铃薯植株生长停止、茎叶大部分枯黄时，其块茎很容易与匍匐茎分离，周皮变硬，相对密度增加，干物质含量达最高限

第七章 水肥一体化智能技术在不同作物上的应用

度,即为食用块茎的最适收获期,种用块茎应提前5~7天收获,以减轻生长后期高温的不利影响,提高种性。另外,因秋末早霜或雨季来临或轮作安排,虽然块茎尚未达到生理成熟,但也不得不早收。种用块茎应提前1周左右收获,以减轻生长后期不利气候的影响,收获前应选择晴天,先刈割茎叶和清除田间残留的枝叶,以免病菌传播。收获时,应避免损伤薯块,以及避免块茎在烈日下暴晒,以免引起芽眼老化和形成龙葵碱毒素,降低品质。

第二节 经济作物水肥一体化智能技术

一、大豆水肥一体化技术

（一）春大豆区水肥一体化技术

主要是北方春大豆区,如西辽河流域、松嫩平原西部、大兴安岭山前平原等东北春大豆区,新疆绿洲灌区、河西走廊等西北春大豆区。

1. 精细整地科学播种

一是精细整地。整地要掌握好"平、碎、匀",建议深翻30厘米以上,打破犁底层,适时耙地,做到耕层上虚下实,地面平整。二是起垄铺管。在内蒙古地区可选择小垄垄上2行或大垄垄上4行种植模式,垄上4行宜宽窄行种植,小行20~30厘米,大行30~50厘米,小流量滴灌带宜铺设在窄行中间,大流量滴灌带铺设在宽行中间。新疆绿洲灌区可选择一膜3管6行模式,膜内窄行距20厘米,宽行距55厘米,3条滴灌带铺设在窄行。三是科学播种。耕层5~10厘米地温稳定在10~12℃时适时播种,适水增密,播后立即滴水,提高出苗率和出苗质量。

2. 灌溉施肥策略

全生育期一般灌水5~10次,每次灌水量10~30米^3/亩。滴灌时地表湿土边缘超过播种行5~10厘米即可，勿过量灌溉。高产地块一般施用氮（N）4~6千克/亩、磷（P_2O_5）4~7千克/亩、钾（K_2O）3~5千克/亩，30%的氮钾肥和70%的磷肥作底肥，分枝期、初花期、盛花期、结荚期和鼓粒期对水肥需求较大，肥料宜在上述时期随水追施。可结合追肥，适当补施硼、钼、锌等微量元素水溶性肥料。

3. 其他配套措施

采用播后芽前封闭与苗后茎叶定向喷药相结合的方法防除杂草。齐苗后至封垄前可适当中耕，提高苗情质量。视大豆长势适时叶面喷施磷酸二氢钾、钼酸铵等液体肥及杀虫剂、杀菌剂等，实现一喷多效。可在初花期喷施烯效唑等化控剂进行控旺处理。适时机收，防止炸荚减产。

（二）夏大豆区水肥一体化技术

主要是黄淮流域和长江流域夏大豆区，包括北京、天津、河南、山东、江苏、安徽、湖北、四川盆地、陕西关中地区和山西汾河谷地等。

1. 优选品种，适水增密

一是精选品种。选择高产、优质、抗倒性好、抗病性强、适合机械化收获的大豆品种。播前做好种子精选，采用拌种、包衣、喷施等方式接种根瘤菌，促进生物固氮。二是合理增密。水资源条件良好区域，大豆保苗密度可在常规密度基础上每亩提高1 000株，耐密品种或者晚播地块也可适当增加密度。三是滴水出苗。麦收后直接免耕精量播种，播种深度一般3~5厘米，土壤黏重地块适当浅播；播后立即滴水，干播湿出实现一播全苗。

2. 灌溉施肥策略

一是水分调控。根据降雨情况，全生育期灌水4~8次。苗期需水量少，花荚期和鼓粒期需水量大，播种48小时内即滴灌出苗水，地表湿土边缘超过播种行5~10厘米即可，为防止板结可在种子顶土时再滴灌1次；开花期、结荚期和鼓粒期根据墒情滴灌3~6次，一般每次灌水量15~30米³/亩。二是养分调控。高产田块一般施氮（N）3~5千克/亩、磷（P_2O_5）5~8千克/亩、钾（K_2O）4~6千克/亩。播种时每亩可施用大豆配方肥15~20千克作种肥。追肥在开花期、结荚期或鼓粒期分次随水滴施。可在初花期或结荚期喷施1~2次0.01%~0.05%钼酸盐溶液或1~2次0.1%的硼、锰、铜、锌等微量元素溶液30~40千克/亩。

3. 其他配套措施

一是绿色防控。建议播后封闭除草，未封闭除草或封闭除草效果不理想的田块，可在大豆2~3片复叶期进行苗后除草。针对重点病虫害，开展统防统治。二是适时控旺。在大豆苗期、生长期和开花结荚期根据长势适时控旺，平衡营养生长与生殖生长，促进分枝形成和荚果发育，防止徒长、倒伏。

二、棉花水肥一体化技术

（一）黄河流域棉花膜下滴灌水肥一体化技术

1. 棉花水肥一体化技术滴灌方式

（1）苗期

播后根据天气预报，如果之后将连续几天天气晴好，可抓紧时间滴出苗水，滴水量20米³/亩。滴水后2~3天，用细土封穴，覆土厚度1~2厘米，防止水分从播种穴散失和抑制杂草生长。此阶段需水量不多，需水量仅占全生育期总需水量的15%以下，1米土层土壤相对湿度以55%~65%为宜。黄河流域一熟棉区在搞好棉田播种前储水灌溉后，土壤水分适宜，不必进行灌溉。

（2）蕾期

棉花现蕾后，气温逐渐升高，生育进程加快，需水量渐增。此阶段需水量占全生育期总需水量的20%左右，1米土层土壤相对湿度为60%~70%。黄河流域棉区棉花蕾期常遇干旱，及时灌溉是增产的关键。每亩灌水定额以30米^{3}左右为宜。

（3）开花结铃期

棉花开花后生长与发育两旺，耗水量大，是生育期内的需水高峰期，此阶段需水量占总需水量的一半左右，1米土层土壤相对温度为70%~80%，低于60%时即需灌溉。黄河流域棉区棉花盛花期进入雨季，但在进入雨季前降水常偏少，需适时适量灌溉，搭好丰产架子，每亩灌水定额30~40米^3。

（4）吐絮期

棉花整个吐絮期耗水量占总需水量的10%~20%。1米土层土壤相对湿度以65%左右为宜。黄河流域棉区8月中下旬后气候较干燥，若秋旱时间长，停水期可以延至9月上旬，适时适量灌溉对防早衰、保伏桃、争秋桃效果显著，每亩灌水定额25~30米^3。

2. 棉花水肥一体化技术滴肥方式

（1）苗期阶段管理

此期间给水1~2次，总定额15~30米^3/亩（注意：一膜二管水原则为少量多次，一膜一管水则为多量少次）。随水施肥总定额氮（N）0.6~0.8千克/亩、磷（P_2O_5）0.2~0.3千克/亩、钾（K_2O）0.3~0.6千克/亩（可折施尿素、磷酸二氢钾，或喷滴灌专用肥，要保证可溶）。

（2）蕾期阶段管理

蕾期营养体生长较快，干物质积累多，叶面蒸腾加快，因此要加强水肥供给。此期间滴水2~3次，总定额25~30米^3/亩。随水施肥总定额氮（N）1.0~2.0千克/亩、磷（P_2O_5）0.3~

0.5千克/亩、钾（K_2O）0.5~0.8千克/亩。

（3）花铃期阶段管理

此期间棉株正处于生殖生长旺盛时期，植株蒸腾快，缩短灌水周期，每隔10~15天滴水1次，共滴水2~3次，总定额50~60米³/亩。随水施肥总定额氮（N）4~6千克/亩、磷（P_2O_5）1.5~2.0千克/亩、钾（K_2O）3~4千克/亩。

（4）吐絮期管理

此期间棉株吸收养分较少，但为防止早衰，应适时补水补肥，灌水1~2次，总定额15~30米³/亩。随水施肥氮（N）0.2~0.3千克/亩、磷（P_2O_5）0.4~0.6千克/亩、钾（K_2O）0.6~0.7千克/亩。

3. 水肥一体化技术棉花采摘收获

大面积收获棉花基本在9月20日左右，棉花收完后进行1次茬灌，保证平整土地顺利。茬灌结束后将滴灌系统的支管、辅管、闸阀拆收。干支管及配件拆收后及时冲洗干净，盘卷入库以备翌年使用。

(二) 新疆棉花膜下滴灌栽培技术

1. 播前准备

（1）品种选择

根据当地气候、土壤条件，选择抗枯黄萎病、株型紧凑、着生角度小；叶片适中偏小、叶柄短、油条不易发生、结铃性强、纤维品质好的品种。

（2）深施基肥

化肥施用量为氮（N）8~12千克，磷（P_2O_5）7~10千克，钾（K_2O）3.5千克。深耕灭茬时将农家肥、过磷酸钙深翻。春季结合整地将硝铵磷20千克、磷酸二铵20~23千克、硫酸钾6~10千克混合深施作基肥。

（3）化学除草

覆膜播种前，每亩用48%仲丁灵乳油100~150毫升或50%乙草胺乳油80克，兑水2~3千克，掺拌50千克细沙，均匀撒入棉田，浅耙入土，镇压覆膜播种。

2. 播种

（1）做好机具准备

播前对机具进行全面检查调试，要安装好铺设滴灌毛管装置，达到安全使用状态。

（2）适期播种

当5厘米地温稳定通过10℃时，作为播种的始期。正常年份4月15—20日为最佳播期，每穴播6~8粒种子，播种深度2.0~2.5厘米，覆土厚度1厘米。

（3）播种方式

采用一膜二管节水技术。145厘米幅膜种4行棉花，种植规格为30厘米（窄行）+60厘米（宽行）+30厘米（窄行），膜间行距45厘米，株距15厘米，亩保苗1.1万~1.3万株。滴灌带的铺设和铺膜、播种同时进行，滴灌带安装在窄行中，滴灌带的毛面朝上，即流道向上。注意要在机车停下后多拉出一截滴灌带，以防止滴灌带收缩变短。

3. 滴水与施肥

（1）苗期滴水

一般在定苗后便开始铺设地面支管与附管，6月初必须开始滴水，每次18~20米^3/亩，滴灌周期为7~8天。用易溶于水的肥料滴施，一般用尿素和少量磷酸二氢钾，6月滴肥2次，每次滴尿素3千克、磷酸二氢钾100克。

滴肥方法：调节过滤器中部调压阀，使压力差为0.1兆帕，一般在滴水1小时后开始施肥，滴水前30分钟结束，每罐滴施时长为 40 分钟至 1 小时。滴水标准以种穴露出湿土为准,湿润深度 30 厘米。

(2) 花铃水

从 7 月中旬开始,加大滴水施肥量,每次滴水 23~25 $米^3$/亩,滴水周期为 5~7 天,同时加大施肥量,每次滴尿素 4~5 千克、磷酸二氢钾 200 克。滴水标准为膜下全部湿润、湿润深度 60 厘米。从地面看,一般棉株最外一行见湿,地面不注水,有点湿软即可。8 月 10 日前停止尿素的滴施。

(3) 后期滴水

从 8 月开始可适当减少滴水量与次数,每次滴水 20 $米^3$/亩,滴水周期为 8 天左右。9 月 8 日前停水,在最后一次滴水时根据田间情况可适当增加滴水量,以保证吐絮期有足够的墒度。全生育期滴水 12~14 次,滴水总量为 250~280 $米^3$/亩,滴尿素 25~27 千克、磷酸二氢钾 2 千克。

4. 化学调控

滴灌下棉花生长发育稳健、协调,化控要早、轻、勤。

(1) 苗期

在 2~3 叶时进行第一次调控,每亩喷甲哌嗡 0.2~0.3 克,滴一水后,对长势较旺的棉田每亩喷甲哌嗡 0.5~0.6 克。

(2) 蕾期

每 7~10 天亩喷甲哌嗡 1.5~2.0 克。

(3) 花铃期

打顶前亩用甲哌嗡 2~3 克,打顶 7~10 天后,亩用甲哌嗡 7~8 克进行重控。

5. 虫害防治

棉花虫害以蚜虫为主。防治蚜虫以生物防治为主,用杀虫剂涂茎或人工点片防治。

6. 回收残膜、滴灌带

棉花收获后，要将滴灌带收回，割秆后，要拾净残膜碎片，以防止土壤污染。其他田间管理同常规灌溉。

7. 滴灌的注意事项

第一，勤检查管道接头，接头一定要牢固，在浇水时应检查毛管管头，不能有烂洞，地面不能汪水；浇水时应注意观察水压和灌溉情况，如发现水压突然减小，应检查管带是否破裂，接头是否脱落等，并及时处理。

第二，6月上旬必须开灌，9月上旬必须停灌，灌溉的面积不宜过大，每个轮灌组面积不超过30亩。灌水时每次开启一个轮灌组，当一个轮灌组结束后，应先开启下一个轮灌组，再关闭上一个轮灌组，严禁先关后开。系统进行时，必须严格控制压力表读数，应将系统控制在设计压力下运行，以保证系统能安全有效地运行。每个农户应服从统一的运行管理，不能乱开阀门，更不能在管带上扎洞。

第三，田间作业时应避免踩踏管带，防止损伤管带和地膜。

第四，滴水、化控也应根据土壤、天气及棉花长势灵活运用，因地因时制宜。

第五，滴灌施肥所用的肥料必须是水溶性的。水溶性肥料中的氮肥有硝酸铵、尿素以及各种含氮溶液；磷肥有磷酸；钾肥有氯化钾；复合肥料有磷酸一铵、磷酸二铵、磷酸二氢钾和硝酸钾等。

三、蔬菜水肥一体化技术

（一）蔬菜水肥一体减肥增效灌溉技术

蔬菜水肥一体减肥增效灌溉技术是利用压力灌溉系统，将肥料溶于施肥器内的水中，并随水通过各级管道，最终以点滴、雾滴等形式施入土壤或作物根区的施肥过程。该技术通过作物营养诊断、土壤养分以及水分诊断，实时、准确、定量地将水肥施在作物根区，实现按需供给，既能降低蔬菜生产劳动力成本，提高劳动效率，又能有效降低施肥量，改善作物根系生长环境，提高产品品质。2012—2022年示范推广结果显示，产品质量安全性提高，实现稳产高产，节本增收效益显著。

1. 构建灌溉系统

根据生产规模、地形地貌、生产条件和灌溉单元的面积等特点，分类设计并建造科学合理的灌溉设施系统；要求配备相对独立的施肥系统、完善的过滤设施。

2. 滴灌方式选择

根据作物选择不同的灌溉方式。一般叶菜类可选用微喷灌；宽厢带状密植蔬菜如莴笋、白菜可选用2管4~5行滴灌或膜下微喷带1管3~4行；辣椒、番茄、黄瓜等相对稀植蔬菜选择膜下滴灌（冬春季）或无膜滴灌（夏秋季）；斜坡地选用压力补偿灌溉。

3. 施肥量确定

根据作物目标产量结合测土配方确定施肥量，一般比常规施肥减少15%~30%。

4. 灌水量确定

根据土壤质地、不同气候区特点、不同作物生长阶段需水情况确定灌水量。

5. 肥种类选择

以选择水溶性肥料为佳；微量元素以螯合态单独施用较好。

6. 灌溉原则方式及步骤

灌溉施肥依据作物各生产阶段需肥要求以少量多次原则，灌溉步骤清水→肥水→清水，清洗管道6~10分钟。

（二）黄瓜水肥一体化技术

黄瓜适于在肥沃的壤土上生长，从定植到结瓜对磷的吸收量较大，所以基肥每亩使用商品有机肥3 000千克、复合肥（15-15-15）45千克/亩、磷酸二铵（16-48-0）30千克。定植后及时滴灌1次透水，水量20~25米^3/亩，以利于缓苗。挂秧时再滴灌1次。根据试验数据和效益情况进行综合评估，种植春黄瓜使用高水溶性肥料是较好的选择，在常规种植基础上总养分减量20%也可以收益最大化。

黄瓜所需的50%的养分是在进入盛果期以后吸收的，而当黄瓜进入结果期以后，约60%的氮、50%的磷、80%的钾集中在果实中，所以随着黄瓜采收，养分随之脱离植株而被果实带走，因此需要不断补充营养元素，进行多次追肥。

结果期开始每隔7~10天灌水施肥1次，每次灌水4~8米^3/亩，考虑农户施肥习惯，可以追施复合肥或冲施肥（20-4-6）18千克/亩，轮流使用，追施复合肥，要提前1~2天浸泡，充分溶解，否则容易堵塞施肥管道。

由于黄瓜需要多次施肥，推荐使用高水溶性肥料，每次冲施7.5千克/亩，20-20-20与13-6-40两种配方轮流使用，施肥量少，肥料溶解性好，省工非常明显。膨果期第一次追肥要使用高钾的配方，以提高产量和品质。

黄瓜在采用水肥一体化技术后，在生长前期可以减少1次灌水。在采收中期可以减少1次施肥，但仍需灌水。拉秧前10~15天停止滴灌施肥。

(三) 番茄水肥一体化技术

番茄是一种喜肥的蔬菜，对氮、磷、钾的需要量以钾最多，氮次之，磷较少，三者的比例为1∶0.2∶1.7。番茄不同生育时期对养分的吸收量也不同，随生育期的延长而增加，在幼苗期以氮为主，随着茎的增粗和增长，在第一穗果开始结果的时候，番茄对磷钾的吸收量迅速增加。在结果初期，氮在3种主要营养元素中占50%，钾占32%。进入结果盛期和开始收获时，则氮占36%，钾占50%，结果期磷的吸收量约占15%。番茄需钾量从坐果开始一直呈直线上升，果实膨大期吸钾量占全生育期吸钾总量的70%以上，直到采收后期其对钾的吸收量才稍有减少。

采用水肥一体化技术，可以实现节水、节肥和科学施肥。

1. 土壤养分条件较好的田块

基肥每亩施有机肥2 000千克左右、过磷酸钙50千克、复合肥50千克。定植后及时滴灌1次透水，水量20~25米³/亩，以利于缓苗。

苗期要控水，避免湿度太大引发病害。

开花期不灌水或滴灌1~2次，每次灌水6~10米³/亩。

果实膨大期至采收期每隔5~10天滴灌1次，每次灌水6~12米³/亩，可以按常规追施复合肥和尿素，按2∶1混匀，每亩追施40千克，但要提前一天浸泡，充分溶解，以免堵塞施肥管道。

拉秧前10~15天停止滴灌施肥。

2. 土壤养分条件一般的田块

基肥每亩施有机肥2 000千克左右、过磷酸钙50千克、复合肥50千克。定植后及时滴灌1次透水，水量20~25米³/亩，以利于缓苗。

苗期要控水，避免湿度太大引发病害。

开花期不灌水或滴灌1~2次，每次灌水6~10米³/亩，每次加肥3~5千克/亩，视苗情而定，推荐使用高水溶性配方肥（20-20-20和18-18-18）。

果实膨大期至采收期每隔5~10天滴灌1次，每次灌水6~12米³/亩，追施复合肥和尿素，按2∶1混匀，每亩追施40千克，但要提前一天浸泡，充分溶解，以免堵塞施肥管道。

在盛果期，视番茄长势，可加肥1次，最好使用高钾配方，以提高产量和品质。

拉秧前 10~15 天停止滴灌施肥。

四、果树水肥一体化技术

（一）技术要点

1. 选择合适的肥料

并不是所有的肥料都适合应用于水肥一体化技术中，水肥一体化系统设备对肥料的要求较高。首先，肥料要能够高效率溶于水，这样的肥料才能够跟随水分一同被输送到作物根系处。肥料的溶解需要在常温下进行，保证不会在田间温度下堵塞滴灌、渗灌等管道、设备的出水口。其次，肥料要具有较高的养分，水肥一体化技术降低了田间施加肥料的总量，以避免堵塞管道出水口，避免给土壤造成过大的营养压力，但想要满足作物的营养需求，就需要提高单位肥料的营养成分。再次，肥料需要根据各地区不同的水质进行选择，部分地区的水质偏硬，偏酸性肥料能够更好地溶解和利用。最后，肥料不能对设备、管道有过度的腐蚀作用，比如在使用铜、镀锌铁的材料制作设备、管道时，尽量避免使用硝酸铵、硫酸铵作为肥料，否则水肥一体化设备和管道会被腐蚀，设备的使用寿命会变短，作物的营养吸收也会受到影响。

2. 选择合适的灌溉设备

不同面积、土壤、水源特点的果园适合不同的水肥一体化灌溉设备，需要根据实地情况规划、设计并铺设灌溉管道，保证灌溉管道的埋深、总长度，实现最高性价比。水肥一体化系统包括离心泵、过滤器、主管道、支管道、阀门、配肥桶、搅拌器、抽水泵、加压装置、恒压仪表、耐高压软管、滴灌管线等部分，具体泵机的功率、装置的容积、管线的长度都需要根据灌溉对象的面积进行合理规划，设备、管线的材质需要根据果园种植品种、肥料化学元素进行调整。目前，市场上耐腐蚀性较强的不锈钢和铝合金材质的水肥一体化设备比较常见。

3. 进行科学水肥配比

水肥一体化需要农民根据果园种植品种的需水、需肥情况，土壤供水、供肥能力进行计算和配比，遵循少量多次的原则，为不同生长阶段、不同需求的果树提供水分和营养。例如，结果初期的果树对磷肥的需求量大，对氮、钾肥需求量低；盛果期的果树对氮、磷、钾肥的需求量都比较大，其中以钾肥的需求程度上升幅度最大；衰老期的果树对氮肥需求量大，对磷、钾肥的需求量降低。按照果树不同生长阶段进行水肥配比，能够有效保果、壮果、稳产、延长挂果期。

4. 水肥一体化系统设备的使用

水肥一体化系统的使用需要按照一定的顺序开启设备，使肥料能够顺利加入灌溉水中，溶解后输送到作物的根系。首先，种植户需要按照固定顺序开启所有的系统设备，然后进行调试。调试完成后，需要按照果树的生长期、肥料需求将配好的肥料倒入配肥桶，让肥料与水分充分融合、溶解。然后，打开管道出水口，让肥料溶液能够顺利通过管道、出水口达到作物的根系。如果使用施肥枪，则需要人工将施肥枪口对准根部所在位置进行注射。完成操作后需对水肥一体化系统设备进行清洗，避免肥料残留、水迹残留对系统设备造成腐蚀。

（二）苹果水肥一体化技术

苹果水肥一体化技术是一种将灌溉与施肥有机结合的精准农业技术，它依据苹果的生长需求，通过可控管道系统将水分和养分定时定量地输送到苹果根部。

1. 系统组成与设备选择

（1）水源

可选择河流、水库、井水等作为水源，确保水量充足、水质符合灌溉要求。若水源水质较差,需进行沉淀、过滤、消毒等处理。

(2) 首部枢纽

包含水泵、过滤器、施肥设备、控制器等。水泵用于提供动力,过滤器用于过滤水中杂质,防止堵塞滴头或喷头,施肥设备用于精准添加肥料,控制器用于实现自动化控制。

(3) 管道系统

分为干管、支管和毛管,根据果园面积、地形和种植布局合理铺设,确保水肥均匀分布。管道材质应具有耐腐蚀性和抗压性。

(4) 灌水器

常见的有滴头、滴灌带、喷头等,根据果园实际情况选择。滴灌适用于密植果园,喷头适用于大面积果园或需要调节果园小气候的情况。

2. 施肥方案

(1) 不同生育时期施肥策略

萌芽前,以氮、磷肥为主,为萌芽和开花提供养分;花前、花后2周、花后4周、花后6周,氮、磷、钾肥配合施用,促进新梢生长、开花坐果和幼果发育;6月初,适当增加磷、钾肥比例,促进果实膨大;夏秋肥阶段,氮、磷、钾肥大量施用,满足果实膨大、花芽分化和树体营养积累需求。

(2) 肥料选择

优先选择溶解度高的化肥,氮肥以硝态氮和铵态氮为主。同时,根据土壤养分状况和果树生长需求,补充钙、镁、硼、锌等中微量元素肥料,如土壤缺锌、硼的果园,萌芽前后补充硫酸锌和硼砂。

(3) 施肥量调整

根据目标产量、土壤肥力和果树品种调整施肥量。例如,亩产1 000~2 000千克果园,氮肥(N)全年用量10.0~

12.5千克/亩;"秦脆"等需肥较少的品种减少施肥量约30%,"瑞香红"等需氮较多的品种适当增加施肥量20%左右。

3. 灌溉管理

(1) 灌溉时间与定额

按照不同生育时期确定灌溉次数和灌水定额,萌芽前灌水量较大,为30米³/(亩·次),花前、花后灌水量为10米³/(亩·次),6月初为15米³/(亩·次),夏秋肥阶段总灌水量85米³/亩。

(2) 灌水量调整

根据降雨情况适当微调灌水量,总量按照150~200米³/亩进行设计(新疆产区除外)。降雨较多时减少灌溉,干旱时增加灌溉,确保土壤水分适宜。

4. 注意事项

(1) 水质处理

进行必要的过滤,保证灌溉水水质,防止杂质堵塞灌溉系统。可采用离心过滤器、砂石过滤器、网式过滤器等多级过滤。

(2) 品种差异

不同品种对水肥的需求不同。"秦脆"等易感苦痘病品种,从6月到采收应大幅度减少或不施氮肥,氮肥用量减少30%且前移到秋季和早春;"瑞香红"等果个偏小、需氮较多的品种应适当增加施肥量。

(3) 有机肥施用

在未施用液体有机肥的情况下,要在秋季或采果后及时土施有机肥,如生物有机肥、商品有机肥、堆肥、饼肥等,改善土壤结构,提高土壤肥力。

(4) 钙肥补充

缺钙严重的果园在萌芽前、花后和果实膨大期及时补充钙肥,可通过叶面喷施或土施的方式,提高果实品质和耐储性。

(三) 葡萄水肥一体化技术

水肥一体化技术以其独特的优势逐渐成为葡萄种植的主流选择。这种技术通过精准控制水分和营养的供给，确保葡萄获得均衡的生长条件。

1. 灌溉方式

在葡萄水肥一体化灌溉方式中，滴灌和吊喷两种较为常见，均在葡萄种植中扮演着不可或缺的角色。

（1）滴灌

滴灌是一种将水直接输送到作物根部的节水灌溉技术。在葡萄种植中，滴灌系统通过管道和滴头，将水缓慢而均匀地滴入葡萄根区，确保水分直接供给到最需要的地方。这种灌溉方式不仅节约了水资源，还能有效避免土壤板结，维持土壤良好的通气性，有利于葡萄根系的生长。同时，滴灌系统还可以与施肥设备相结合，实现水肥一体化管理，提高肥料的利用率，减少肥料的浪费和环境污染。然而，滴灌系统也存在一定的局限性。由于滴灌是局部灌溉，如果管理不当，土壤盐分容易在表土累积，影响葡萄的生长。

（2）吊喷

吊喷是一种将水喷洒到空中的灌溉方式。在葡萄种植中，吊喷系统通过喷头将水喷洒到空中，形成细小的水滴，然后水滴均匀降落到地面上。同时，吊喷系统对地形的适应性强，可以灵活调整喷头的位置和角度，以满足不同地形和作物的需求。吊喷的优点在于速度快、浇水量足，容易浇透土壤。在夏季高温时，吊喷还具有降温、增加湿度的效果，有助于改善葡萄园区的环境。然而，吊喷也存在一定的缺点。喷水量较大，容易造成土壤冲刷和养分流失，对土壤结构造成一定的破坏。

在实际应用中，滴灌和吊喷这两种灌溉方式并不是孤立的，而是可以相互配合使用。对于根系不发达的葡萄树,可以在其根部附近采用滴灌方式,确保水分和养分的精准供应;而对于根系相对发达的葡萄树,则可以采用吊喷方式,以满足其更大的水分需求,同时可以起到调节园区环境的作用。通过滴灌和吊喷的配合使用,可以实现更加精准和高效的水肥管理,提高葡萄的产量和品质。

2. 技术核心

(1) 水肥同步供应

通过滴灌或微喷系统,将溶解后的肥料与灌溉水同步输送到葡萄根系区域,实现"少量多次、按需供给"。这种方式可显著提高水肥利用率,减少养分流失和水挥发。

(2) 精准调控

根据葡萄的物候期(萌芽期、新梢生长期、开花坐果期、果实膨大期、转色成熟期、采后恢复期)和土壤墒情、养分含量,动态调整灌溉量和施肥配方。

3. 全年水肥管理方案

(1) 萌芽期(3—4月)

目标:促进芽眼萌发和新梢生长。水肥管理:土壤解冻后,结合灌溉施入速效氮肥(如尿素)和磷肥(如磷酸二铵),促进根系活动和芽眼萌发。灌溉量以保持土壤湿润为宜,避免积水导致根系缺氧。

(2) 新梢生长期(4—5月)

目标:促进新梢健壮生长和花芽分化。水肥管理:每隔7~10天滴灌1次,每次每亩施入平衡型水溶性肥料(N∶P∶K=1∶1∶1)5~8千克,配合微量元素(如锌、硼)肥料。土壤湿度保持在田间持水量的60%~70%。

(3) 开花坐果期(5—6月)

目标:提高坐果率,减少落花落果。水肥管理:开花前10天停止灌溉，控制土壤湿度，避免新梢旺长影响授粉。谢花后，结合灌溉施入高磷钾肥（如磷酸二氢钾）和钙肥，促进幼果发育。

（4）果实膨大期（6—8月）

目标：促进果实快速膨大，增加单果重。水肥管理：每隔 5~7 天滴灌 1 次，每次每亩施入高钾型水溶性肥料（N∶P∶K=1∶1∶3）8~10 千克，配合氨基酸类生物刺激素。土壤湿度保持在田间持水量的 70%~80%，避免干旱或积水。

（5）转色成熟期（8—9月）

目标：促进果实着色和糖分积累，提升品质。水肥管理：减少氮肥施用量，增加钾肥和磷肥比例（如 N∶P∶K=1∶2∶3），促进果实转色和糖分积累。控制灌溉量，避免果实开裂和品质下降。

（6）采后恢复期（9—10月）

目标：恢复树势，促进花芽分化。水肥管理：采收后结合灌溉施入平衡型水溶性肥料和有机肥（如腐植酸钾），促进根系恢复和养分积累。土壤湿度保持在田间持水量的 60%~70%。

（7）休眠期（11月至翌年2月）

目标：安全越冬，为翌年生长储备养分。水肥管理：北方地区在土壤封冻前灌 1 次封冻水，保护根系。秋季施入基肥（如腐熟农家肥、复合肥），结合深耕改良土壤结构。

4. 技术要点

（1）系统设计

采用滴灌或微喷系统，确保水肥均匀分布。安装水肥一体机，实现自动化控制和精准施肥。

（2）水质与肥料选择

水质应符合灌溉水标准，避免盐分过高或杂质堵塞滴头。肥料应选择全水溶性肥料，避免沉淀堵塞管道。

(3) 土壤监测

定期监测土壤墒情和养分含量,根据数据调整灌溉和施肥方案。

(4) 病虫害防控

结合水肥管理,通过叶面喷施钙肥、硅肥等增强植株抗逆性。避免过量施用氮肥,减少病害发生。

第三节 特色作物水肥一体化智能技术

一、花卉水肥一体化技术

(一) 薰衣草扦插栽培滴灌水肥一体化技术

薰衣草,又被称为香草、香水植物,是一种具有浓郁香气的花卉。在新疆,特别是在天山山脉腹地的伊犁哈萨克自治州,薰衣草种植加工业发展尤为突出,这里已成为中国薰衣草种植加工的主要基地。扦插栽培作为薰衣草快速繁殖和扩繁的一种重要方式,在生产实践中的应用日益广泛。然而,传统的扦插栽培方式在水分和肥料管理方面存在诸多问题,如水分利用率低、肥料施用不精准等,这些问题严重制约了薰衣草扦插苗的生长质量和产量。滴灌水肥一体化技术作为一种新型的节水灌溉施肥技术,能够实现水肥的精准供给,提高水肥利用效率,减少环境污染。

1. 选地与整地

薰衣草喜阳光,惧内涝,需选择光热充足、地势高、排灌便利的地方。土壤需肥沃、深厚、透气,富含有机质,以砂质土为宜。种植前深翻土壤 20~25 厘米,亩施腐熟农家肥 2 500~3 000 千克,翻耕后耙平耙细,清理杂物。

2. 滴灌带铺设

在选择滴灌带时,应考虑其材质、耐压性、流量均匀性等因素。购买后,应对滴灌带进行仔细检查,确保其无破损、无堵塞,并确认滴头间距和流量符合薰衣草灌溉需求。滴灌带孔径为1.6厘米,铺设间距为1.2米,确保滴灌带铺设平整、无扭曲、无折叠,并保持适当的松弛度。要注意滴灌带的出水口朝上,以免堵塞。在铺设滴灌带时,应注意滴灌带之间的连接和固定。连接处应使用专用接头或热熔技术,确保连接紧密、无渗漏。同时,滴灌带应使用地钉进行固定,防止其移动或漂浮。

3. 覆膜

选择黑色地膜,吸光保温效果好。地膜不宜过厚,在0.3毫米左右即可。在铺设期间,为了预防地膜被风刮起,需要人工辅助压膜。

4. 扦插栽培

(1) 插条的选择与处理

选择发育健旺、未抽穗、节距短而粗壮的一年生半木质化枝条作为插条。在选苗时,注意避免选择杂株,要求幼苗不畸形,品种特征良好。插条的长度通常在9~12厘米,顶端8~10厘米处截取作为插穗。切口应靠近茎节处,力求平滑,避免韧皮部破裂。从下端剪斜向下45°剪枝,保留上部叶片。每50根捆成一捆,并及时运往阴凉处庇荫,避免扦插苗失水严重。

(2) 扦插前浸水与消毒

在扦插前,先将薰衣草苗直立浸水2~3小时,然后再浸泡在消毒液中进行消毒。消毒液可以采用0.1%高锰酸钾与500倍液多菌灵配制。浸泡消毒时间为30分钟。

(3) 扦插方法

在扦插薰衣草苗时,应垂直扦插,要求薰衣草苗保持直立。薰衣草苗插入土壤深度为8~9厘米,地面保留5~10厘米。株距为30~35厘米,在滴灌带两侧进行扦插。在完成扦插24小时后,需要进行灌水。第一次灌水注意控制灌水量，不宜过大，土壤湿度应保持在25%。

5. 水肥一体化管理

（1）滴水

土壤含水量20%~25%最适合薰衣草的移栽和生长，低于10%则影响其生长，需及时浇水。在开春后，地温回升，根据薰衣草需水中期多、后期适量的特点，在返青、现蕾、抽穗至初花前需保证足够水分供应，不能使其受旱。返青至收割前一般浇水4次，全生育期浇水6~8次。使用滴灌，返青期头水给足，一般60米^3/亩，后根据土壤墒情每次滴灌20~40米^3/亩。收割前15天左右适量灌水1次，延缓薰衣草花萼脱落。花采收后，应及时灌水，促进植株正常生长，封冻前浇水有利于其安全越冬。

（2）滴肥

在开春后，薰衣草苗地下部分进入快速生根期。在5月中旬前，可以不施用化肥。如果发现地块明显肥力缺失，可以在滴灌时，随水追施黄腐酸有机肥80千克/公顷，有利于促进薰衣草生根。5月中旬后，可以施用氮肥+磷肥，其中注意少施氮肥，适当多施磷肥。随水滴施尿素20千克/公顷、磷酸二氢钾35千克/公顷。进入7月后，逐步增加氮、磷肥施用量，随水滴施尿素40千克/公顷、磷酸二氢钾40千克/公顷。8月后，随水滴施三元复合肥（15-10-15）90千克/公顷。滴灌施肥应选择水溶性肥料，先滴水后滴肥，滴水20分钟，再滴肥30~40分钟，滴灌施肥完成后，滴水30分钟冲洗管道。此外，在剪枝后，为了促进伤口愈合，降低剪枝影响，可以施用叶面肥。叶面肥应在剪枝5天内施用，用尿素按照1∶5的比例配制成尿素溶液，喷施1.2千克/公顷。

6. 机械除草

采用机械设备进行中耕，中耕过程中注意保护地膜。机械设备中耕可以有效清除尚未长成的杂草。针对一些长成的杂草，还需要结合人工除草，提升除草效果。6月下旬撤膜，提升土壤透气性。

7. 修剪整枝

薰衣草幼苗期，长至25～30厘米时及时进行摘心打顶，控制植株徒长，使植株更加矮壮、紧凑。操作方法：用手捏住植株顶端的嫩叶，将其掐掉。春秋季节修剪可以促进植株生长，重点是去除病弱枝、徒长枝和过密枝，保持植株内部的通风透光；夏季是薰衣草开花的季节，此时修剪的主要目的是控制植株的形状，使其更加美观。花朵凋谢后，及时剪去残花和枯萎的枝条，以保持植株的整洁。同时，短截枝条使植株保持合适的高度（20～25厘米）和形态。冬季是薰衣草的休眠期，此时进行修剪有助于保持植株健康；修剪的重点是去除枯枝、弱枝和病枝，减少养分消耗。在薰衣草的生长期间，定期剪掉长势较弱、过密、病枝等。剪除病枝时要确保剪刀干净，并在修剪后对工具进行消毒，以避免交叉感染。

（二）杜鹃花滴灌水肥一体化技术

杜鹃花以其绚丽多彩的花朵和优雅的姿态深受园艺爱好者的喜爱。

1. 滴灌系统的选型与安装

对于杜鹃花而言，选择合适的滴灌系统至关重要。通常，可选用微喷灌或者滴头滴灌两种方式。前者适用于大面积的浇灌，后者则更适合于小面积且需要精准控制水分的区域。在安装时，建议根据杜鹃花的实际生长情况，设置滴头间距，一般间距以30厘米左右为宜。此外，为了保证水质清洁，可以在滴灌系统中加入过滤器，避免杂质堵塞滴头而影响灌溉效果。

2. 滴灌频率与时间的调整

滴灌频率与时间的调整是保证杜鹃花健康生长的关键因素。

一般来说，春季和秋季是杜鹃花的生长期，此时应适当增加滴灌次数，保持土壤湿润。夏季高温时，蒸发量大，可以每天早晚各滴灌1次；冬季则需减少滴灌次数，以免造成根部积水。每次滴灌的时间不宜过长，一般15~20分钟即可。需要注意的是，滴灌时间最好避开中午阳光强烈时段，以免水分迅速蒸发，影响吸收效率。

3. 施肥与滴灌相结合

施肥是促进杜鹃花生长的重要手段之一，而将施肥与滴灌结合，则能更高效地提供养分。在滴灌系统中加入肥料注入器，可以实现水肥一体化，确保养分均匀分布到植物根部。值得注意的是，施肥浓度不宜过高，以免烧根。建议使用缓释肥或液体肥，并严格按照说明书配比使用。

通过上述措施的实施，能够更好地利用滴灌技术，为杜鹃花创造一个适宜的生长环境。当然，每种植物都有其独特性，因此在实际操作过程中还需根据具体情况灵活调整，只有这样才能让杜鹃花绽放出更加鲜艳夺目的色彩。

二、茶树滴灌水肥一体化技术

（一）滴灌系统的组成

由水源、控制枢纽、输水管线和滴水器组成。

（1）水源

各种符合农业灌溉水要求的无污染水源。

（2）控制枢纽

控制枢纽一般包括水泵、动力机、过滤器、化肥罐、调节装置等。

（3）输水管线

滴灌系统的输水管线一般由干、支、毛三级管线组成，干、支管一般为硬质塑料管（PVC/PE），毛管用软塑料管，因为茶园生产周期长，所以尽量选用质量好、经久耐用的管线。

（4）滴水器

它是在一定工作压力下，通过流道或孔口将毛管中水流变成滴状或细流的装置，流量一般不大于12升/时。

（二）肥料的选择

用于滴灌施肥系统的基肥包括多种化肥和有机肥。在追肥方面，可选择符合行业标准或国家标准的作物专用尿素、冲施肥、氯化铵、碳酸氢铵、硫酸钾、硫酸铵、氯化钾、磷酸二氢钾等水溶性肥料，应当注意滴灌追肥的肥料品种必须是水溶性肥料。这些肥料杂质较少、纯度较高，均可用作追肥，溶于水后不会产生沉淀。同时，一般避免使用颗粒状复合肥，补充磷素一般采用追肥方式，补充微量元素的肥料一般不与磷肥同时施用。有条件的地区可以利用沼液和肥料相结合的方式对茶园进行灌溉，在提高茶叶产量和品质以及抑制茶树病虫害方面都有较好的效果。有研究表明，施用沼液可以明显促进茶树的营养生长，茶叶长势特别旺盛，不仅使整株茶树树冠加大，而且茶叶显得格外嫩绿，可使春茶采摘时间提前5天，从而使茶叶采摘量大大提高。

（三）茶园滴灌技术应用要点

1. 节水灌溉设备的正确选用

正确地选择节水灌溉设备是滴灌技术应用的关键。目前，市场上充斥着各类质量不一的滴灌设备。茶园生产周期较长，因而在选择过程中尽量选用使用寿命长、应用范围广、安装便利、检修方便的设备。

2. 合理设计和利用水源

水源是滴灌技术应用的先决条件。茶园附近的水源普遍存在水质较差、浑浊等特点，极易造成滴灌设备的堵塞，因而水源需要进行二次处理，通常在自然水源旁边建水池（按灌溉需要设计容积），将自然水源利用自流或者动力抽到水池中，进行二次澄清；或者安装节水过滤设备，对进入滴灌系统的水进行有效过滤，从而延长设备使用期限。

3. 合理设计管网的动力

滴灌系统以灌溉小区为基本单位，每个灌溉小区内的所有滴管总长度最好控制在500米左右。若干个灌溉小区组成轮灌区，并由支管连接来满足流量需求，灌溉同时进行，若干个轮灌区与管道相连就形成了整个灌溉管网。在地势较为平缓的茶园，其压力、流量管网位置的计算安排相对容易，主要考虑轮灌区的面积。轮灌区面积小，轮灌次数多；轮灌区面积大，轮灌次数少。因此，在实际应用中，在满足一次轮灌时间需水量的条件下，应尽量减少轮灌区面积，适当增加轮灌次数，以减少增大各管网口径、增加动力带来的成本。多是坡地、山区等复杂地形的茶园存在自然落差，单一系统动力就无法同时满足上半山或下半山茶园灌溉所需的合理工作压力。因此，动力配置、小区划分有一定的特殊性。在茶园高差不超过25米时，可配置单一动力，动力满足最高处灌溉小区所需的合理工作压力的一半左右，将滴灌带总长度适当减少，下半山茶园灌溉小区的滴灌带适当增加，以缓减高差带来的额外压力。当茶园高差超过25米时，则可采用3种办法解决滴灌带子流压力不匀的问题：第一，根据等高线把茶园划分成不超过15米高差的上下几片，采用不同的动力和不同的管网分别实施供水；第二，划片后，用柴油泵控制动力，使用同一管网分片灌溉；第三，建立三级供水系统，在平地、小坡顶、山坡顶分别建造蓄水池，由蓄水池对合理压力范围内的作物进行自流灌溉。

4. 水肥药一体化

在茶树生长过程中，施用肥料是重要的措施。常规施肥下肥料施用随意性强且不均匀，由于土壤的固定及雨水的淋溶，吸收利用率较低。而滴灌可以直接把肥、药施于作物根际附近，便于准确控制剂量，提高肥料与农药利用率，节省生产投入。常用的氮肥和钾肥水溶解性好，可进行滴灌施肥；水溶性的防根系病害及叶面病虫害的农药也可采用滴灌系统施入。滴灌施肥药的方法有两种：第一，采用潜水泵为动力时，在水源附近建造蓄水池，容积为 2 米^3 左右，施肥、施药时，先确定灌溉小区茶园所需的肥药数量，倒入蓄水池充分溶解，放满水后用潜水泵吸出，直接随滴灌系统作用于茶树，然后用清水进行灌溉；第二，采用离心泵为动力时，在供水系统的水管上方焊一支吸肥管（用阀门控制，管径 10 毫米左右），使用时，把肥药溶解在筒内，加适量清水，用皮管连接到吸肥管上，随滴灌系统作用于茶树。

5. 注意事项

定期维护、清洗过滤装置，防止滴灌管（带）、滴灌头（孔）堵塞，影响使用效果。施肥用药时要将肥料与农药充分溶解，并滤去杂质以保持滴灌系统正常运转，发挥良好功效。使用滴灌时，要在基肥中施足有机肥，避免滴灌追肥后引起营养比例失调。保护好滴灌系统设备，尤其是滴灌管（带）、滴头及接头部件，以延长寿命，保证使用效果，发挥滴灌技术在农业生产上的增产增收作用。在滴灌的基础上叶面喷施微量元素水溶性肥料，及时补充微量元素肥料，有利于促进幼茶生长，茶芽长、芽叶重、芽头多，产量高，效果好。

第八章 水肥一体化智能技术应用案例

案例1 山东省大力推广应用水肥一体化技术助力稳粮保供成效显著[①]

水是农业的"命脉",肥是作物的"粮食"。为积极响应新一轮千亿斤粮食产能提升行动,把握发展新质生产力带来的新机遇,山东正逐步加大水肥一体化推广力度,把水肥一体化作为主要粮油作物大面积单产提升的关键举措。截至2025年2月,全省水肥一体化应用面积稳定在1 000万亩以上,助力稳粮保供和农业绿色高质量发展成效显著。

水肥一体化技术是实现农业高质量发展的一个重要且有效的抓手,具有节水、节肥、省工、增地、增产、增收等优点,能提高作物水资源利用效率,实现科学施肥增效,有利于进一步提升农产品质量、改善生态环境、确保粮食安全。

桓台县以玉米大面积单产提升整县制推进示范县项目实施为契机,示范推广以滴灌为重点的玉米密植精准调控技术,提高了水肥利用效率,每年每亩粮食作物可节约用水120 米^3,减

[①] 摘编自全国农技推广网。网址:https://www.natesc.org.cn/news/des?id=16f4a962-3ea5-4bbc-a388-4afd2c8229dc。

少肥料投入20%以上，有效助推农业增效、农民增收。启润农业专业合作社位于桓台县西北的马桥镇东圈村，这家合作社从2023年开始应用玉米密植精准调控技术，流转的1 500余亩粮田平均产量超过850千克，其中的迪卡C9256攻关地块经中化先正达组织专家实打验收，亩产1 052千克，是妥妥的一季"吨粮田"。

莱西市经过多年示范推广，水肥一体化技术已经全面覆盖了胡萝卜、甜瓜、设施蔬菜、水果以及玉米、小麦等莱西优势主导产业。截至2025年2月，莱西市已推广水肥一体化技术43万亩，其中2024年新增水肥一体化技术应用9 000多亩。莱西市西山阳光果蔬专业合作社所在的现代设施农业产业园与高校院所专家合作，采用水肥一体化和绿色防控技术，节省了肥料和水，还能实现绿色生产。以前是大水漫灌，浇完一个棚的葡萄得一整天的时间，现在用滴灌技术3小时就够了。

滕州市是全国首批19个玉米单产提升工程项目县之一，以精准调控为关键的水肥一体化技术应用，推动全市粮食生产由"小面积高产创建"向"大面积单产提升"跨越，为粮食增产增效提供了有力保障，在"吨半粮"创建核心区内的级索镇、姜屯镇等5个重点粮食主产乡镇，各建设一块玉米密植高产精准调控技术样板田，每个样板田都高标准建设了水肥精准调控系统，铺设了滴灌管网，玉米种植密度控制在亩均6 000株左右。利用水肥一体化精准调控技术，全生育期每亩总投肥量60~70千克，亩均减少化肥用量2~3千克。全生育期内共灌水5~6次，亩总灌水量100~200米^3。水肥一体化技术的推广和运用，节水节肥增产效果显著，为滕州市的玉米单产提升提供了坚实的基础和保障。

枣庄市台儿庄区运丰良蔬蔬菜产业示范园，共建设152栋高

第八章 水肥一体化智能技术应用案例

标准日光温室，其中包括12栋现代化育苗棚。园区充分利用自身资源优势，聚焦水肥一体化技术的应用，已建成教室、实践场地、研发设施等基础配套设施，培训课程根据种植户需要设定，包括水肥一体化技术设备科学应用与管护技术、水溶性肥料的科学选择、作物生长关键技术的水肥供给技术等。通过应用水肥一体化技术，园区节肥、节水、节药分别达到40%、40%、60%以上，每个棚的产量基本稳定在亩产2万千克，平均每亩增产达4 500千克，增幅在30%以上，每亩增加纯收益5 000元以上，获得了良好的经济效益和生态效益。

早在2023年，山东省就把水肥一体化作为主要粮油作物大面积单产提升的关键举措，在单产提升整建制推进县、节水增粮推进县等县（市、区）开展水肥一体化创高产试验示范，并将粮油作物单产提升情况纳入省对市乡村振兴考核范畴。

2024年，山东省更是加快了推广水肥一体化技术的步伐。通过努力争取相关政策和项目资金支持，依托水肥一体化相关项目，组织各地开展不同作物肥料利用率、不同灌溉施肥制度下节水节肥效果等试验研究，不断总结优化适宜不同区域、不同作物的水肥一体化技术模式。11个山东省旱作节水技术模式，被全国农业技术推广服务中心编著的《中国旱作节水农业典型技术模式》一书收录。印制和发放小麦、玉米喷灌水肥一体化技术明白纸，组织一系列的培训班，在粮油作物关键农时季节，选派专家参加"万人下乡·稳粮保供"等活动，让专家到田间地头开展面对面的水肥一体化技术讲解，指导各地更好地应用水肥一体化技术。

经过征集、遴选、考察等环节，2024年12月，山东省农业技术推广服务中心公布了"2024年全省水肥一体化十大典型案例"。十大典型案例的发布受到社会各界的广泛关注，掀起了全省水肥一体化技术推广的宣传热潮，进一步促进了山东水肥一体化高质量发展，持续打造全国稳粮保供的水肥一体化齐鲁样板。

案例2　吉林省松原市"水肥一体化"技术结硕果[①]

沃野千里秋色好，硕果盈盈盼丰收。眼下，玉米已进入灌浆成熟期，吉林省松原市各地高产技术示范田内的玉米长势喜人，高空俯瞰下的田间小路犹如一幅美丽的诗情画卷。

作为农业大市，松原市始终立足于农业高质量发展，全面落实"千亿斤粮食"产能建设工程，牢牢扛稳国家粮食安全重担，深入实施"藏粮于地、藏粮于技"战略，以高标准农田为依托，以粮食单产提升作为主攻方向，全面提高粮食产能，集成推广区域性、标准化成熟技术，重点把水肥一体化技术作为一项重要粮食单产提升举措，在全市范围内大面积推广。2024年，根据水土资源条件、农业生产布局等实际情况，全市共推广"水肥一体化"滴灌技术204.8万亩。如今丰收在望，绘就出一幅粮食高产稳产、农民增收致富的乡村振兴新图景。

"玉米滴灌水肥一体化密植精准调控高产技术就是粮食增产的'科技密码'。"说起以先进适用技术促进玉米单产提升，长岭县流水镇党委书记齐威言语坚定，"用数据说话，用结果证明。2023年，流水镇1.75万亩技术应用地块亩产玉米900千克，比传统种植增产273.5千克，特别是在4片500亩以上地块，亩产超过1 000千克，最高1 115千克，创全县历史新高。"

[①] 摘编自农业农村部官网。网址：https://www.moa.gov.cn/xw/qg/202409/t20240930_6463743.htm。

长岭县流水镇有耕地2 836万亩,其中玉米种植面积占93%。为破解玉米单产瓶颈,镇党委解放思想,积极探索玉米增产新路径,深度考察玉米滴灌水肥一体化密植精准调控高产技术应用效果,成立工作专班,按照定地、定水、定电、定技术、定种肥、定模式、定资金"七定原则",强化要素保障,保证技术落地,推进技术应用。2022年以来,全镇共实施测土配方施肥2.4万亩,实施高标准农田4.5万亩,新打水源井319眼、改造输电线路63.7千米,为精准用肥、支持技术落地提供坚实支撑。

"我们从耕地、种子、农机、耕作技术等着手,先行先试,扎实推进高产技术应用试验区建设,带动全县大面积单产提升,全方位筑牢粮食安全根基。"齐威说,"试验区集成应用优良品种、深翻深松、导航精播、浅埋滴灌管、宽窄行水肥一体化、籽粒直收等关键技术,将传统种植模式与现代节水农业新技术有效结合,推进粮食生产提质增效,实现良田粮用。当年试验区地块玉米容重达到每升750克,比传统种植多60克;亩产达870千克,比传统种植增产243.5千克,增产效果非常明显。"

从会种地到"慧"种地、从"望天田"到"致富田"……乡村撑起"青纱帐",结出致富"金棒棒"。"玉米水肥一体化高产密植精准调控技术"不仅成为长岭农民增收致富一个新的亮点,更是为全市乡村振兴产业发展注入新活力。松原市将按照增产增效并重、良种良技配套、农机农艺结合、生产生态协调的原则,构建强有力的农业技术推广体系,为农业生产提供更优质更有效的技术服务、加快推进农业现代化、奋力推动农业高质量发展插上科技的翅膀。

案例3 产粮大县的"智慧密码" 水肥一体化节水节肥助增收[①]

2024年7月31日,中伏烈日如下火,高温蒸大地,却也是田间玉米生长最旺盛的阶段。在江北第一个吨粮县、素有"鲁中粮仓"之美誉的桓台县,铺设在玉米地里行间的一根根黑色滴灌带,将滴滴清水或水肥混合液缓缓输入送到玉米根部,这种精准滴灌技术,在当地30多万亩玉米地里,正在变得越来越受欢迎。

近年来,桓台县立足农业强县建设,着力推广水肥一体化技术,提高灌溉用水效率,不断培育农业新质生产力,让农民们从"会"种田向"慧"种田转变,把数十万亩土地变为增收有保障的稳产、高产田。

1. 玉米密植精准调控 浅埋滴灌节水肥助增产

启润农业专业合作社位于桓台县西北的马桥镇东圈村。2023年,这家合作社开始应用玉米密植精准调控技术,流转的1 500余亩粮田平均产量超过850千克,其中的迪卡C9256攻关地块经中化先正达组织专家实打验收,亩产1 052千克,妥妥的一季"吨粮田"。

"我们是从2023年玉米季开始使用水肥一体化,用了之后发现好处不少,省水、省电、省人工、省体力。"合作社负责人孙城掰着四根手指告诉记者,"关键是增产增收,咱们忙活来忙活去不就图这个吗?"

记者现场看到,一根根黑色软管从横卧田间的粗大白色管道

[①] 摘编自全国农技推广网。网址:https://www.natesc.org.cn/news/des?id=bdd64b2f-8ebf-4c8e-8a52-6b9b3f165d39&CategoryId=284efd0e-4ba8-43a0-ab4b-2cc45d19714e。

中延伸而出，顺着玉米垄伸向田间深处，半埋于土中，这种浅埋滴灌被孙城认为是解决夏种浇地的最有效手段之一，"单从流量上就可以明显感觉到。"据孙城介绍，以往都是用传统的大水漫灌方式浇地，现在用水肥一体化滴灌技术，采用耐特菲姆压力补偿式滴灌，头部和尾部滴水量能保持一致，支管道的每个滴头间隔30厘米，流量每小时仅有0.35升，省水省肥效果显著提升，可让玉米"细酌慢饮"，灌溉效果好很多。

桓台县数字农业农村发展中心高级农艺师王锡久说起玉米密植精准调控技术如数家珍，据他介绍，玉米采用0.8米和0.4米的大小行播种，播种机加装滴灌带铺设装置，播种时随播种机铺设滴灌带。在玉米小喇叭口期、大喇叭口期、吐丝期和灌浆期应用水肥一体化技术浇水施肥4次，大大提高水肥利用率。

"滴灌带铺设跟播种是一套活儿下来的，可以一年两季使用。应用水肥一体化技术投资额每亩在200多元，当年节省的水、肥费用就能回本了。"孙城这笔账算得很清楚。

2. 数据赋能智慧管控　技术服务筑牢鲁中粮仓

桓台现代农业技术服务平台（MAP）中化现代农业项目规划占地3.5万米^2，在项目周边流转耕地3 000亩，建设大田水肥一体化智能设备，开展智能遥感、精准气象等场景应用。

"说到农业新质生产力，水肥一体化就是一个挺好的实例。"中化农业桓台服务中心负责人李亮介绍，桓台县中化先正达MAP农场水肥一体化系统采用叠片自动反冲洗过滤器过滤，确保田间支管和出口装置不堵塞，延长使用时间，灌溉精度达90%以上，能够确保作物长势均衡，提高粮食田间整齐度，达到增产增效的目的。

"将肥料溶解后，只需要打开手机客户端，设置好灌溉单元与灌溉时长就可以，比起传统的灌溉方式，更加智能、精确、高效。"中化现代农业运营经理郭琦瑶向记者现场演示了桓台县数字农业智慧平台。根据智慧农业平台提供的实时数据,先正达MAP农场可以有针对性地进行浇水、除草、施肥、杀虫,使粮食优质高产更有底气。

作为桓台县数字农业农村智慧平台项目运营方,中化现代农业(桓台)技术服务中心,为桓台农业企业和种植者们开发提供了专属定制的"新农具",可实现农户在种植过程对作物的精准化管理,形成覆盖全县、统筹利用、统一对接的信息服务平台和数据管理体系,全面提升农业数字化水平。

3. 大豆玉米复合种植 水肥滴灌刷新高产纪录

在桓台县东北部索镇睦和村,映入记者眼帘的是大片的作物复合种植示范田。这里同样采用耐特菲姆压力补偿式滴灌带。如果说东圈村的滴灌带显得整齐划一,这里的滴灌带就富于韵律感。

桓台县瑞丰农民专业合作社负责人胡治勇告诉记者,大豆玉米带状复合种植采用 6∶4(大豆 6 行,玉米 4 行)种植模式,整个播种带宽 4.65 米,其中大豆播种带宽 1.65 米,玉米播种带宽 1.6 米,大豆播种带和玉米播种带间隔 0.7 米。合作社 2023 年大豆玉米带状复合种植面积 600 亩,其中大豆玉米带状复合种植示范面积 200 亩,全部应用滴灌水肥一体化技术,产量较上年大幅提高。

2023 年 10 月 11 日,农业农村部组织有关专家对桓台县大豆玉米带状复合种植百亩示范方进行了实打验收,大豆亩产 173.40 千克,刷新大豆玉米带状复合种植大豆高产纪录,玉米亩产也达到 618.92 千克。

据王锡久介绍,桓台县从 2023 年开始,以玉米大面积单产提升整县制推进示范县项目实施为契机,示范推广以滴灌为重点的玉米密植精准调控技术,提高了水肥利用效率。按每年每亩粮食作物浇灌 6 次计算,可节约用水 120 米^3,减少肥料投入 20%

以上,有效助推农业增效、农民增收。

从靠天种地到靠科技种地,从传统农业到现代农业,引领农业由"量"的积累转向"质"的突破,离不开新质生产力的赋能。桓台新农人的水肥一体化实践,成为齐鲁乡村振兴新画卷的一抹亮丽色彩。

案例4　青岛莱西高端果蔬的科技加成——水肥一体化精细滴灌①

金风送爽,硕果飘香。伴着微凉秋风,记者来到了青岛莱西,从田间地头的一个个大棚里,探寻水肥一体化技术应用给莱西农业生产带来的改变和成效。

"青岛市作为北方严重缺水的城市之一,水肥一体化技术的应用备受关注,全市范围内共建设了16万亩的粮油、蔬菜、果树和茶叶的水肥一体化示范区。全市的水肥一体化应用面积,从10年前的不到5万亩,增加到了如今的300多万亩。"青岛市农业技术推广中心高级农艺师李民告诉记者,在水肥一体化应用方面,莱西市一直走在全市前列。

据悉,水肥一体化因可实现水肥供应的自动管理和分配,极大地提高水分和肥料的利用率,实现信息化、智能化、自动化节水施肥管理,是增强农业综合生产能力的重要保障。

1. 漫灌改滴灌节约水肥促增收

位于莱西市水集街道茂芝场村的青岛西山阳光果蔬专业合作社,主要种植藤稔葡萄和阳光玫瑰葡萄,合作社采用先进的连体式避雨大棚栽培模式,既通风散热又防止鸟害,已取得国家实用

---

① 摘编自海报新闻。网址:https://w.dzwww.com/p/pe8e0XGCx5.html。

新型专利授权。

"以前是大水漫灌,浇完一个棚的葡萄得一整天的时间,现在用滴灌技术3小时就够了。"莱西市西山阳光果蔬专业合作社负责人许浩亮说,合作社所在的现代设施农业产业园与高校院所专家合作,采用水肥一体化和绿色防控技术,节省了肥料和水,还能实现绿色生产。

夫妻两人就可以管理10亩葡萄种植大棚,种植的阳光玫瑰亩产达2 250千克,亩产值达11万元。发展以水肥一体化技术为代表的设施农业,有效促进了当地农民增收致富。通过机制创新和科技赋能有机结合,当地的葡萄产业逐步走上生产标准化、品种优良化、管理集约化、经营品牌化的经营之路,2023年茂芝场现代设施农业园区葡萄入选全国名特优新农产品名录。

2. 精准控制高效利用 技术赋能高端水果番茄

凯盛浩丰集团莱西智能育苗工厂占地4万米^2,拥有最先进的智能设备,在这处亚洲单体最大的现代化厂房里,记者详细了解了这家企业以技术为驱动,构建"绿色生态、高效节约"的育苗生产模式。

记者跟随凯盛浩丰集团技术主管常士奇来到自动化水肥车间,这里是为温室内生长的番茄提供水肥营养的"前段"。常士奇告诉记者,番茄所用的水源是过滤完的纯净水,然后在里面增加番茄生长所需的矿物质元素,比如钾离子、钙离子、镁离子等,形成了"营养液",满足番茄从幼苗到结果不同阶段的营养需要。

凯盛浩丰集团莱西智能育苗工厂这套水肥一体化系统可以精准控制高效利用水肥,根系吸收后的余液自动进入回收装置,流转回水肥车间。经过杀菌处理后,这部分水被储存到回液再利用罐中,可再次循环使用。通过精准测算,这个系统的实际用水量仅为传统灌溉方式的5%左右。

3. 蓝莓园里设施农业和数字农业融合发展

青岛鲁宏农业集团数字农业蓝莓产业示范园，位于莱西市望城街道七星河乡村振兴示范片区。一座座现代化的蓝莓温室大棚里，智能化大数据平台精准监管，数万株蓝莓苗壮成长。

为科学保障蓝莓生长质量，基地自主研发智能施肥中央控制系统，通过传感器监测技术、微处理器技术、计算机技术等信息化技术，实现水肥供应的自动管理和分配，极大提高了水分和肥料的利用率。

"地下抽上来的水进行五层过滤系统处理，滤除有害的重金属离子，使其变成非常好的水质。"鲁宏农业技术主管乔永明说道，水过滤系统保证了在蓝莓的整个生长过程无水源污染，同时，系统能精准地根据作物植株长势调节水肥中的各种营养元素，让蓝莓等作物生长实现供求平衡。

鲁宏数字农业蓝莓产业示范园作为设施农业和数字农业融合发展的样板，以莱西基地为中心，已在全国复制建设多个产业基地，辐射带动了多个地区的设施农业发展。

据莱西市农业技术推广服务中心耕地与节水农业科负责人黄宾雁介绍，截至目前，莱西市已推广水肥一体化技术43万亩，其中2024年新增水肥一体化技术应用9 000多亩。水肥一体化精准灌溉施肥技术，已经全面覆盖了胡萝卜、甜瓜、设施蔬菜、果树以及玉米、小麦等莱西优势主导产业。

案例5　河北魏县高标田装上水肥一体化[①]

"哒哒哒哒……"春耕备耕时节，在河北省魏县集东村南漳

---

① 摘编自邯郸市人民政府网。网址：https://www.hd.gov.cn/hdyw/xqdt/wx/202303/t20230329_1857285.html。

河岸边麦田里,一台空气压缩机正在检测田间新铺设的1.05万米输水管道的密闭性。该县各地抢抓农时,加快推进高标准农田建设,筑牢春耕生产"基石"。

"我们这次实施的智能水肥一体化项目,覆盖农田面积1 500亩,目前已完成输水管网铺设,正在试压,看看有没有漏点,有漏点灌溉时就会漏水,需要及时修补好。"现场施工项目经理贾兴说,新建的泵房里安装了智能水肥一体机,输水管道上90多个出水口都装上了太阳能电控阀门,还在麦田里分区块装了太阳能温湿传感器,这些都能用手机客户端进行远程操控。

"传感器通过无线传输土壤温湿度和养分数据,根据这些数据,坐在家里用一部手机就可以完成灌溉作业,很方便的。"贾兴说,试压检测后填埋管道,利用农业机械精准导航铺设地面滴管,预计10天左右全部完工。

为加快农业现代化发展水平,近年来该县依托国内先进的农业技术服务体系,与中化现代农业公司合作搭建了智慧农业服务平台,涵盖了卫星遥感、精准气象、农机管理、精准植保等板块,围绕播种、灌溉施肥、病虫草害监测管理、农机调配等方面农业作业指导信息,实时自动推送到"智农客户端"。

"这个智能水肥一体化项目,就是我们吸纳的社会投资。项目建成投入使用后,每亩地的经济效益可增收10%~15%。"魏县农业农村局农田建设科科长郭晓巍介绍,作为农业大县,在高标准农田建设上,该县在充分利用上级专项资金和财政配套资金的同时,还广泛吸纳社会资金投入,通过多种渠道解决农业资金投入问题。

据了解,该县充分利用"引黄入冀"全域水网地表水资源充足的优势,计划利用3年时间投资13.5亿元,规划建设45万亩高标准农田,从土壤改良、管灌、喷灌、田间道路等方

第八章 水肥一体化智能技术应用案例

面，提升高标准农田建设水平，加快推动农业高质量发展。

案例6 广西宁明水肥一体化滴灌技术助力甘蔗增产农民增收①

甘蔗生产是广西崇左市宁明县农民增加经济收入、实现乡村振兴的特色产业和重要经济支柱产业之一。近年来，宁明县各乡镇和制糖企业致力于推广实施高效节水灌溉，降低成本，提高单产，提升种植效益，借助科技力量推动甘蔗产业增产、农民增收。

2024年5月22日，寨安乡那练村的甘蔗种植基地里，种蔗大户陆文欢种植的甘蔗长势特别旺盛。他高兴地说，自己承包了160亩的土地，种植的甘蔗之所以长得好，全是水肥一体化系统的功劳。根据土壤温湿度数据，通过登录灌溉系统自动化模块，蔗农可实现田间在线远程灌溉控制，既节约水资源，又提高肥料利用率，做到精准灌溉和施肥。

从铺设滴灌带，到浇多少水、施多少肥，水肥一体化系统成为农民应用科技种植的重要"帮手"。当地相关部门和制糖企业也在积极推动水肥一体化系统建设，有力促进甘蔗产业经济效益的进一步提升。

宁明县寨安乡党委宣传委员杨艳琴表示，接下来，他们将以点带面推广良种良法良技，带动蔗农种植积极性，确保种好管好甘蔗生产，向科技要产量要效益，不断释放良种增收潜力，夯实农民增产增收坚实基础。

---

① 摘编自广西壮族自治区农业农村厅官网。网址：http://nynct.gxzf.gov.cn/xwdt/gxlb/cz/t18530246.shtml。

参考文献

农业农村部种植业管理司，全国农业技术推广服务中心，2025. 水肥一体化提单产技术手册 [M]. 北京：中国农业出版社.

任秀娟，程亚南，王丙丽，2023. 水肥药一体化应用技术 [M]. 北京：中国农业出版社.

宋志伟，张德君，2018. 粮经作物水肥一体化实用技术 [M]. 北京：化学工业出版社.

隋好林，王淑芬，2015. 设施蔬菜栽培水肥一体化技术 [M]. 北京：金盾出版社.

魏志远，刘永霞，侯宪文，2023. 水肥一体化技术理论基础与应用 [M]. 北京：中国农业科学技术出版社.

张玉珠，陶杰，常国有，2022. 浅埋滴灌水肥一体化技术 [M]. 北京：中国农业出版社.